OAuth 2 实战宝典

糜鹏程　编著

電子工業出版社
Publishing House of Electronics Industry
北京 · BEIJING

内 容 简 介

随着互联网的普及，合作共赢成了一个越来越受重视的话题。一些成熟的互联网企业，需要与众多的第三方企业进行合作，以便为自己的用户提供丰富的个性化应用。在这个过程中，企业需要将自身的一些能力（API）开放给第三方合作企业，具体的实现形式一般是搭建一个专门的开放平台系统。

无论企业通过何种方式来开放自身的能力，授权都是一个绕不开的话题。本书将通过 8 章来详细对授权的相关内容进行阐述，主要内容包括 OAuth 2 概述、开放平台整体架构、实战中的授权模式、OpenID 从理论到实战、授权码授权模式回调地址实战、签名、授权信息、基于 Spring Security 的 OAuth 2 实战。

本书适合 OAuth 2 研究者和爱好者、开放平台相关的技术人员和运营人员，以及第三方应用开发者阅读。

图书在版编目（CIP）数据

OAuth 2 实战宝典 / 糜鹏程编著. —北京：电子工业出版社，2023.12

ISBN 978-7-121-46756-1

Ⅰ. ①O… Ⅱ. ①糜… Ⅲ. ①计算机网络－安全技术－研究 Ⅳ. ①TP393.08

中国国家版本馆 CIP 数据核字（2023）第 226914 号

责任编辑：张　楠　　　　文字编辑：白雪纯
印　　刷：三河市双峰印刷装订有限公司
装　　订：三河市双峰印刷装订有限公司
出版发行：电子工业出版社
　　　　　北京市海淀区万寿路 173 信箱　　　邮编：100036
开　　本：720×1000　1/16　印张：15　字数：288 千字
版　　次：2023 年 12 月第 1 版
印　　次：2023 年 12 月第 1 次印刷
定　　价：75.00 元

凡所购买电子工业出版社图书有缺损问题，请向购买书店调换。若书店售缺，请与本社发行部联系，联系及邮购电话：（010）88254888，88258888。

质量投诉请发邮件至 zlts@phei.com.cn，盗版侵权举报请发邮件到 dbqq@phei. com.cn。

本书咨询联系方式：（010）88254590。

前　言

为什么要写这本书

OAuth 从 2006 年诞生以来，经过 1.0 和 2.0 两个版本迭代后，在 2011 年左右趋于成熟。随后大量的场景开始应用 OAuth 2.0（OAuth 2）来实现自身业务，其中最为突出的应用场景便是开放平台。

国内最成功的开放平台案例莫过于微信。微信公众号基于开放平台将微信打造成一个“航空母舰”，通过开放平台将自身能力开放给第三方应用开发者，使他们在微信的管控下快速开发各种类型的应用，极大地丰富了微信用户的体验。随后，微信更是推出微信小程序，进一步丰富自身的业务场景。

与此同时，国内各种开发平台也如雨后春笋一般迅速发展。据统计，目前的开放平台已经达到几十家，如淘宝、京东、抖音、快手及拼多多等开放平台。相信随着互联网的发展和人工成本的提高，越来越多的企业会选择通过开放平台将自己的能力对外开放，从而和广大的第三方应用开发者合作共建、互利共赢。

在这种大环境下，开放平台的搭建需求也将越来越多。在开放平台中，有很多子系统通过相互配合来完成对外开放的需求，而开放授权系统是其中非常重要的一环。目前，开放授权系统均是基于 OAuth 2 开发的，但是在实际开发中需要根据自己的实际情况进行一些流程的修改，以适应自身的场景，同时在基于 OAuth 2 实现开放授权系统的过程中有很多细节需要进行设计，一旦某些细节设计不合理将会对系统造成重大损害。

目前，国内关于开放授权系统搭建的完整资料较少，市面上关于开放授权系统的材料只有一本《OAuth 2 实战》，这本书很好地阐述了 OAuth 2 如何进行落地，并对其中的相关细节进行了探讨。但是，随着时间的推移，该书中很多方案已经被更简单的方案所替代，同时该书中也缺少很多在基于 OAuth 2 实现开放平台时所需要的细节方案。

为了能提供一套基于 OAuth 2 协议来服务于当代开放授权系统的详细方案，完善一些在其他资料中没有提到的细节，也为了给开放平台开发的相关工程师提供一套完整的参考资料，编者萌发了撰写本书的想法。

本书特色

本书以开放平台中的实际应用为标准，对相关的理论介绍点到即止，并从实践经验出发，对开放授权系统中各种场景的实现步骤和方案细节进行详细介绍。本书更是首次对回调地址和 OpenID 相关内容进行了详细探讨，并给出了可落地的方案。读者完全可以基于本书的指导来搭建属于自己的并且能应用于实际生产的开放授权系统。

读者对象

- OAuth 2 研究者和爱好者。
- 开放平台相关的技术人员和运营人员。
- 第三方应用开发者。

关于本书

本书没有对 OAuth 2 协议进行深入探讨，但是本书讨论的开放授权系统是基于 OAuth 2 来展开的。读者如果了解 OAuth 2 协议，则可以很容易地跟进本书所阐述的内容。不过，即使不了解 OAuth 2 协议，也不用担心，本书会在相关的章节中对每个流程进行介绍，因此读者完全可以依靠本书来学习和了解 OAuth 2。

因为本书中的一些算法示例使用的是 Java 代码，所以需要读者具备一定的 Java 代码基础。而最后一章使用 Spring Security 进行案例演示，因此需要读者有一定的 Spring 相关的开发经验。

下面对本书所覆盖的内容进行简单介绍。

第 1 章：针对 OAuth 2 所提供的四种授权模式进行了介绍，以便作为后续所有内容探讨的基础。

第 2 章：针对开放平台整体架构和系统组成进行了简单介绍，为读者提供了一个开放平台功能的宏观概念，从而能更好地理解后续开放授权系统的功能实现。

第 3 章：基于实战，对 OAuth 2 协议在开放授权系统实战过程中的详细流程和参数进行了介绍，同时对开放授权系统实战过程中一些基于 OAuth 2 的四种授权模式的轻变种进行了详细介绍。通过这些轻变种授权模式能更有效地支撑实际业务场景。

第 4 章：在上述所提到的各种实战场景的授权模式中均默认集成了 OpenID。

而 OpenID 本来是一种在 OAuth 2 上构建的账号安全体系，不属于 OAuth 2 的标准。之所以所有的实战授权模式都默认集成 OpenID，是因为在开放平台的环境下，OpenID 在相关业务中起着重要作用。由于要用到 OpenID，因此本书对 OpenID 的生成方案进行了详细探讨，提供了多种 OpenID 落地方案，供读者根据自身业务场景和体量进行选择。

第 5 章：四种授权模式中基于授权码的授权模式是最为通用的，而在该模式下生成回调地址和 code 是必不可少的一步，因此本章对如何生成回调地址和 code 进行了详细探讨。

第 6 章：针对授权过程中用到的加密和签名算法进行了介绍。无论采用什么授权模式，都要返回授权信息。同时，在某些模式下，还会支持授权信息刷新。

第 7 章：针对以上内容，本章探讨了常用的不同类型的授权信息，并对比了它们各自的优势和劣势，以便读者可以根据实际情况在生产中进行选择。

第 8 章：以 Spring Security 为基础实现了 OAuth 2 的四种标准授权模式的简单代码示例。

目　　录

第 1 章

OAuth 2 概述

OAuth 2 为用户资源的授权提供了一个开放、安全的标准，因此用户在授权时不需要提供用户名和密码，就能授权第三方应用访问资源。OAuth 2 是 OAuth 协议的延续版本，不向下兼容。本章首先介绍 OAuth 2 的定义，然后介绍 OAuth 2 提出的四种授权模式，包括隐式授权模式、授权码授权模式、授信客户端密码模式，以及授信客户端模式。

1.1 OAuth 2 的定义

1.1.1 官方定义

OAuth 2 是一个标准的授权协议，并以委派代理的方式进行授权。OAuth 2 提供一种协议交互框架，使第三方应用以安全的方式，获得用户的访问令牌（access_token）。第三方应用可以使用访问令牌代表用户访问相关资源。OAuth 2 中定义了以下 4 种角色。

- 资源所有者：通常是自然人，但不限于自然人，如某些应用程序也会创建资源。资源所有者对资源拥有所有权。
- 资源服务器：存储受保护的用户资源。
- 应用程序：准备访问用户资源的程序，如 Web 应用、移动端应用或桌面可执行程序。
- 授权服务器：在获取用户授权后，为应用程序颁发访问令牌，从而获取用户资源。

1.1.2 开放平台中的定义

开放平台的核心功能是将开放平台所在系统（简称开放系统）的功能和数据暴露给第三方应用，从而实现能力共建的目标。有的功能和数据与开放系统的用户无关，有的功能和数据与开放系统的用户息息相关，主要包括以下两种开放场景。

- 在第一种开放场景中，只有第三方应用和开放平台参与。在这种场景下，开放系统需要对第三方应用进行验证，从而明确对第三方应用开放功能和数据的范围。
- 在第二种开放场景中，开放系统的用户也参与其中。开放系统在验证第三方应用的功能和数据的访问权限后，需要开放系统的用户进行授权。只有开放系统的用户授权后，开放平台才能将对应的功能和数据开放给第三方应用。

在这两种开放场景中，都将特定的功能和数据开放给第三方应用，因此 OAuth 2 定义了完整的交互流程，以便支撑这些开放能力的请求和授予。

在上述过程中，提到的关键角色包括开放平台、开放系统的用户和第三方应用，而两个关键信息包括功能和数据。

- 开放平台：开放平台服务于所依赖的开放系统，用于建立开放系统与第三方应用之间的沟通桥梁。

- 开放系统的用户：开放系统所拥有的用户，这些用户使用开放系统所提供的某些功能。开放系统拥有这些用户的相关数据和数据的操作能力。
- 第三方应用：除开放平台企业之外的其他公司开发的应用。这些应用会在开放平台申请账号，并基于该账号与开放平台进行对接，最终通过开放平台所开放的能力实现某些功能。

注：第三方应用和开放平台不在同一家公司，无法共享开放平台的账号体系。

- 功能：开放系统提供的 API，通过开放平台提供的第三方应用进行调用，通常为权限包的形式。第三方应用在对接开放平台时，会申请相应的权限包，并且在由开放平台的运营人员审核通过后，即可获得相应的权限包。

注：通常权限包与 scope 权限之间存在对应关系，一个 scope 权限通常会对应一个或多个权限包。

- 数据：用户在开放系统中的信息，是用户对外的唯一标识，包括昵称、头像、手机号码、家庭住址和相关的业务信息。在开放平台中，用 scope 参数表示获取信息的范围和申请的权限。

注：在申请和授予权限时，可以指定多个 scope 权限。

1.2　OAuth 2 的四种授权模式

1.2.1　隐式授权模式

1. 授权请求示例

步骤 1 隐式授权（Implicit Grant）模式引导用户在登录页面登录，在用户登录成功后，通过授权系统将用户的授权信息回调到第三方应用，在第三方应用拿到授权信息后，便可调用开放能力。隐式授权请求如示例 1.1 所示。

```
    https://example.OAuth.com/OAuth 2/authorize?client_id=
##&&redirect_url=##&&scope=##,##&&response_type=##
```

示例 1.1　隐式授权请求

注意

在这里统一说明一下，示例中使用“##”代表一个参数值，后文均遵循该规则。

示例 1.1 中各参数的含义如下。

- client_id：第三方应用在开放平台注册完成后获取的唯一标识。
- redirect_url：第三方应用在开放平台注册的回调地址。
- scope：第三方应用的访问权限，一般由逗号分隔的多个字符串组成。
- response_type：默认值为 token，即返回授权的 token。

步骤 2 假设第三方应用设置的回调地址为 https://example.com/callback，在第三方应用引导用户发起步骤 1 后，会跳转到用户登录页面。在用户登录成功后，授权系统会生成 token，并通过第三方应用预设的回调地址回调到第三方应用。隐式授权回调请求如示例 1.2 所示。

```
https://example.com/callback?access_token=ya29GAHES6ZSzX&token_type=bearer&expires_in=3600
```

示例 1.2　隐式授权回调请求

示例 1.2 中各参数的含义如下。

- https://example.com/callback：第三方应用预设的回调地址，授权系统在授权成功后，会直接回调到该地址。
- access_token：访问令牌，用户授权的唯一凭证，可代表用户调用授权的开放接口。
- token_type：token 的类型，一般为 bearer。该类型的 token 是一串字符串，通常为一串十六进制形式的字符串或 JWT（一种结构化的 token 表示方法）。还有一些其他类型，如 POP。随着 HTTPS 协议的普及和签名的使用，基本不再使用该类型的 token。
- expires_in：token 的过期时间，单位为秒。

2. 系统交互流程

下面通过如图 1-1 所示的隐式授权系统交互图来进一步讲解授权流程。

步骤 1 用户访问第三方应用。

步骤 2 第三方应用引导用户向授权系统发起授权请求，详见示例 1.1。

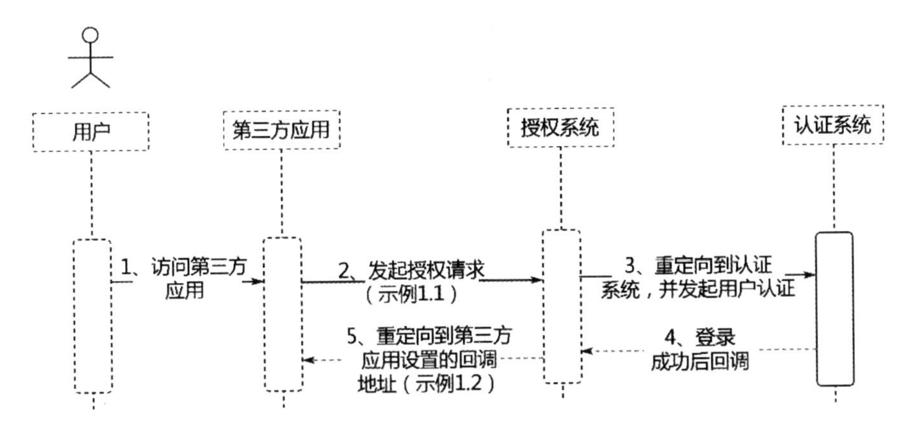

图 1-1　隐式授权系统交互图

步骤 3 授权系统进行初步校验，校验参数是否合法，如 client_id 是否存在，redirect_url 是否一致等。在校验通过后，重定向到认证系统，并发起用户认证。

步骤 4 用户在认证系统中成功登录后，会从认证系统回调到授权系统。授权系统可以获取用户信息，在进行必要的授权流程后，生成 access_token。

步骤 5 授权系统重定向到第三方应用设置的回调地址，详见示例 1.2。

经验

隐式授权模式安全性不高，在实际中应用不多，原因如下。

（1）在授权系统回调到第三方应用（图 1-1 的步骤 5）时，token 会直接作为参数在浏览器中显示，有暴露 token 的风险。

（2）如果第三方应用所设置的回调地址不是示例 1.2 中的 https 请求，而是普通的 http 请求，则会因为 http 的非加密传输，而带来参数被拦截的风险。

（3）可能无法刷新 token 的有效期，过期后只能重新授权。

1.2.2　授权码授权模式

1．授权请求示例

授权码授权（Authorization Code Grant）模式是一种应用广泛、安全可靠的授权模式，前期的授权流程类似隐式授权模式，不同之处在于授权码授权模式不再直接返回 access_token，而是返回有效期较短的 code。第三方应用在获取 code 的请求后，在后台使用 code、client_id 和 client_secret，通过 HttpClient 发起 post 请求，从而获取一个内容丰富的 token。具体的授权流程如下。

步骤 1 获取 code 的请求，如示例 1.3 所示。

```
https://example.OAuth.com/OAuth 2/authorize?client_id=##&response_type
=code&redirect_url=##&state=##&scope=##
```

示例 1.3 获取 code 的请求

示例 1.3 中各参数的含义如下。

- client_id：第三方应用在开放平台注册完成后获取的唯一标识。
- response_type：在授权码授权模式中，该参数的值为 code。
- redirect_url：第三方应用在开放平台注册的回调地址。
- state：由第三方应用指定，当授权系统回调到第三方应用时，会在回调请求中携带该参数值。在回调到第三方应用时，授权系统会原封不动地将第三方应用传递的 state 参数回传给第三方应用。

> **提示**
>
> 第三方应用通常使用 state 参数进行校验或幂等操作。

- scope：第三方应用的访问权限，一般由逗号分隔的多个字符串组成。

步骤 2 假设回调地址为 https://example.com/callback，第三方应用在引导用户访问示例 1.3 后，会跳转到登录页面。在用户登录成功后，授权系统会生成 code，并通过预设的回调地址回调到第三方应用。示例 1.4 所示为 code 回调请求示例。

```
https://example.com/callback?state=##&code=##
```

示例 1.4 code 回调请求示例

示例 1.4 中各参数的含义如下。

- https://example.com/callback：第三方应用预设的回调地址，授权系统会直接回调到该地址。
- state：在步骤 1 中由第三方应用传入的参数，在回调到第三方应用时会原封不动地回传。
- code：步骤 1 请求的目标结果。第三方应用将使用 code 换取用户授权的 access_token。

步骤 3 第三方应用在获取 code 后，会在程序后台通过 HttpClient，主动发起请求，获取用户授权的 access_token。第三方应用创建的 access_token 请求如示例 1.5 所示。

```
    https://example.OAuth.com/OAuth 2/access_token?client_id=
##&client_secret=##&code=#& grant_type=authorization_code
```

示例 1.5　access_token 请求

示例 1.5 中各参数的含义如下。

- client_id：第三方应用在开放平台注册完成后获取的唯一标识。
- client_secret：第三方应用在开放平台注册完成后获取的密码。
- code：步骤 2 中获取的 code 回调请求。
- grant_type：OAuth 2 规定在授权码授权模式下，该字段的值为 authorization_code。授权系统会根据该字段进行授权模式区分，即授权系统会根据该字段识别到当前模式为授权码授权模式，从而执行该模式下必要参数的校验和授权逻辑。

步骤 4 授权系统收到请求并进行验证，在验证通过后，会返回如示例 1.6 所示的授权信息给第三方应用。

```
{
"access_token":"ACCESS_TOKEN",
"expires_in":86400,
"refresh_token":"REFESH_TOKEN",
"refresh_expires_in":864000,
"open_id":"OPENID",
"scope":"SCOPE",
"token_type":"bearer"
}
```

示例 1.6　授权信息

示例 1.6 中各参数的含义如下。

- access_token：访问令牌，是用户授权的唯一凭证。使用此令牌访问开放平台的网关，从而获取数据或调用功能。
- expires_in：token 的过期时间，单位为秒。
- refresh_token：刷新 token，可对 access_token 进行续期。
- refresh_expires_in：刷新 token 的有效时间，单位为秒。
- open_id：用户在第三方应用的唯一标识。
- scope：第三方应用的访问权限，一般由逗号分隔的多个字符串组成。

- token_type：access_token 的类型。

步骤⑤ 第三方应用在获取信息后，首先根据 open_id 将用户绑定到系统中，然后使用 refresh_token 刷新 access_token 的有效期。这是因为 open_id 可用于识别用户并保存相关信息，access_token 可调用用户在开放平台的相关资源。

由于第三方应用有刷新 access_token 的需求，因此在授权码授权模式下，授权系统为第三方应用提供刷新 access_token 的接口。刷新授权信息请求如示例 1.7 所示。

```
https://example.OAuth.com/OAuth 2/refresh_token?client_id=
##&client_secret=##&grant_type=refresh_token&refresh_token=##
```

示例 1.7 刷新授权信息请求

示例 1.7 中各参数的含义如下。

- client_id：第三方应用在开放平台注册完成后获取的唯一标识。
- client_secret：第三方应用在开放平台注册完成后获取的密码。
- grant_type：在刷新 access_token 时，该字段的值为 refresh_token，开放平台会根据该字段识别出当前第三方应用正在发起刷新 access_token 请求，从而进行刷新 access_token 时的必要参数校验，并在校验通过后执行刷新 access_token 的具体逻辑。
- refresh_token：示例 1.6 中获取的 refresh_token。

第三方应用发起示例 1.7 的请求后，会得到与示例 1.6 类似的授权信息，不过返回的内容会不同，即可能生成新的 access_token 或使用原来的 token。不同的系统会有不同的策略，在后续章节中再继续讨论。

2. 系统交互流程

前文通过获取 code、获取授权信息和刷新授权信息这 3 个子流程介绍了授权的完整生命周期。授权码授权模式的流程如图 1-2 所示。

步骤① 用户访问第三方应用。

步骤② 第三方应用引导用户向授权系统发起获取 code 的请求。

步骤③ 首先授权系统进行初步校验，校验参数是否合法，如 client_id 是否存在，redirect_url 是否一致等；然后重定向到认证系统，发起用户认证。

步骤④ 用户在认证系统中进行登录，登录成功后认证系统会回调到授权系统。授权系统在获取用户信息、进行必要的授权流程后生成 access_token。

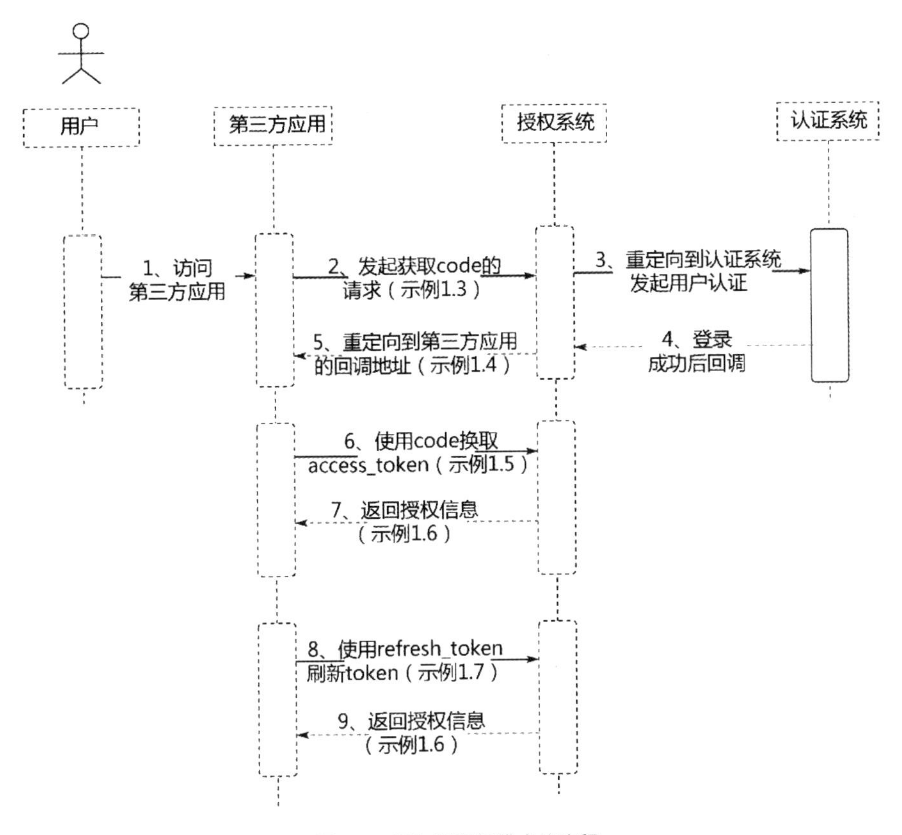

图 1-2 授权码授权模式的流程

步骤 5 授权系统重定向到第三方应用的回调地址。

步骤 6 第三方应用在后台使用 code 换取用户授权的 access_token。

步骤 7 授权系统返回完整的授权信息。

提示

自此已获取用户授权的 access_token 信息，用户可以调用相关接口实现相关业务。后续步骤为第三方应用通过刷新 access_token 来维持 access_token 的有效性。

步骤 8 使用 refresh_token 刷新 token。

步骤 9 授权系统向第三方应用返回完整的授权信息。

总结

授权码授权模式是在实际工作中应用最多的授权模式，有如下优点。

- 可灵活设置 access_token 的过期时间，第三方应用可以根据需求来刷新 access_token 的过期时间，从而满足不同的业务需求。access_token 的有效期越长，对第三方应用的负担越轻，同时安全性也越低。反之，access_token 的有效期越短，对第三方应用的负担越重，同时安全性也越高。详细内容在后文中有相关介绍。
- access_token 是第三方应用通过后端通道请求获取的，不会展示在浏览器上。授权系统可以设置 https 服务，第三方应用会强制使用 https 获取 access_token，确保信息不被拦截。
- code 会展示在浏览器的 URL 中（见示例 1.4），这样就把 code 暴露在了用户可见的前端通道中，但 code 有效期短且只能使用一次，因此 code 需要配合 client_secret（第三方应用密码，不会泄露给任何人）才能使用，确保了只有第三方应用才能使用 code 获取授权信息。

1.2.3 授信客户端密码模式

1. 授权请求示例

授信客户端密码（Password Credentials Grant）模式一般用于共享用户账号体系的第三方应用进行授权的场景。例如，母公司和子公司所开发的第三方应用共享用户账号体系。在该模式下，用户在第三方应用中输入用户名和密码后，第三方应用会直接使用用户名和密码信息获取授权信息。

步骤 1 用户直接在第三方应用登录，第三方应用在获取用户的用户名和密码后，创建如示例 1.8 所示的获取授权信息请求，从而获取 access_token。

```
    https://example.OAuth.com/OAuth 2/access_token?client_id=
##&client_secret=##&username=##&password=##& grant_type=password
```

示例 1.8　获取授权信息请求

示例 1.8 中各参数的含义如下。

- client_id：第三方应用在开放平台注册完成后获取的唯一标识。
- client_secret：第三方应用在开放平台注册完成后获取的密码。

- username：用户的用户名。
- password：用户的密码。
- grant_type：OAuth 2 规定在授信客户端密码模式下，该字段的值为 password，授权系统会根据该字段进行必要参数的校验，并在校验通过后执行该场景下的授权流程。

步骤 2 授权系统在收到如示例 1.8 所示的请求后，会在系统的后端通道中调用认证服务器进行用户认证，并在认证成功后直接返回如示例 1.6 所示的授权信息。

2. 系统交互流程

图 1-3 所示为授信客户端密码模式的授权流程。

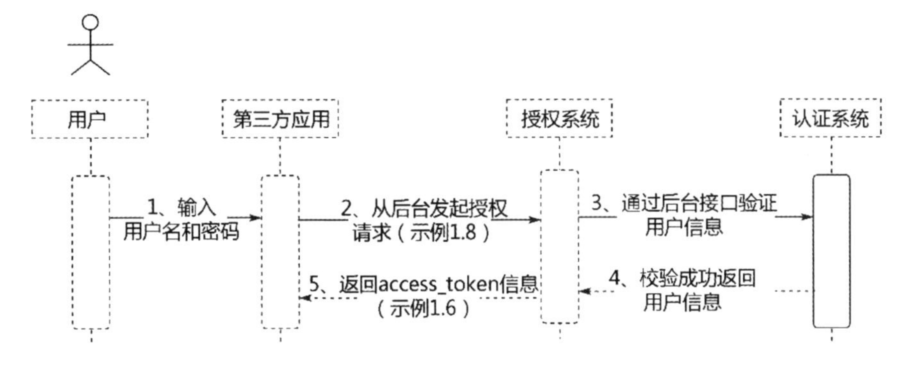

图 1-3 授信客户端密码模式的授权流程

步骤 1 用户访问第三方应用，并输入用户名和密码。

步骤 2 第三方应用从后台向授权系统发起授权请求。

步骤 3 授权系统通过后台接口（一般是内部的 RPC 接口）验证用户信息。

步骤 4 认证系统校验成功后会返回用户的相关信息。

步骤 5 授权系统向第三方应用返回 access_token 信息。

经验

授信客户端密码模式会将用户的认证信息（用户名和密码）直接暴露给第三方应用，这意味着开放平台必须对该第三方应用完全信任，同时第三方应用需要有能力保障用户的信息安全。所以在实际工作中，该模式的使用场景一般为信任的第三方应用（包括子公司、KA 客户等），应用场景较少。

1.2.4 授信客户端模式

1. 授权请求示例

授信客户端（Client Credentials Grant）模式的标准模式常用于第三方应用直接访问开放平台的场景，在这种场景下不需要用户进行授权，而是由第三方应用直接发起授权，并获取授权信息。

授信客户端模式在实际应用中有变种授信客户端模式，主要用于自研应用的授权，即自研应用通过传递自身的 client_id 和 client_secret，获取在创建应用时被赋予的所有权限。

> **注意**
>
> 一般用户在创建自研应用时会绑定自己的账号，所以获取的权限为绑定账号的权限。

步骤 1 无论是标准授信客户端模式还是变种授信客户端模式，在进行授权时，发起的请求没有任何区别，会直接创建如示例 1.9 所示的授权请求。

```
https://example.OAuth.com/OAuth 2/access_token?client_id=
##&client_secret=##&grant_type=client_credentials
```

示例 1.9 授信客户端模式的授权请求

示例 1.9 中各参数的含义如下。

- client_id：第三方应用在开放平台注册完成后获取的唯一标识。
- client_secret：第三方应用在开放平台注册完成后获取的密码。
- grant_type：OAuth 2 规定在标准授信客户端模式下，该字段的值为 client_credentials；在变种授信客户端模式下，该字段的值为 self_credentials。授权系统会根据该字段进行场景必要参数的校验，在验证通过后执行相关流程。

步骤 2 授权系统收到请求后，根据 grant_type 进行后续流程。

- 如果 grant_type 为 client_credentials，则进行标准的授信客户端模式的授权流程，即只返回 access_token 信息。标准授信客户端模式的授权信息如示例 1.10 所示。该模式返回的 access_token 信息，只能调用开放平台所开放给第三方应用的、与用户无关的能力。

```
{
"access_token":"ACCESS_TOKEN",
```

```
    "expires_in":86400,
    "scope":"SCOPE",
    "token_type":"bearer"
}
```

示例 1.10　标准授信客户端模式的授权信息

- 如果 grant_type 为 self_credentials，则获取绑定的用户信息并生成授权信息，如示例 1.6 所示。

2. 系统交互流程

下面通过图 1-4 来介绍变种授信客户端模式在 grant_type 为 self_credentials 时的授权流程。

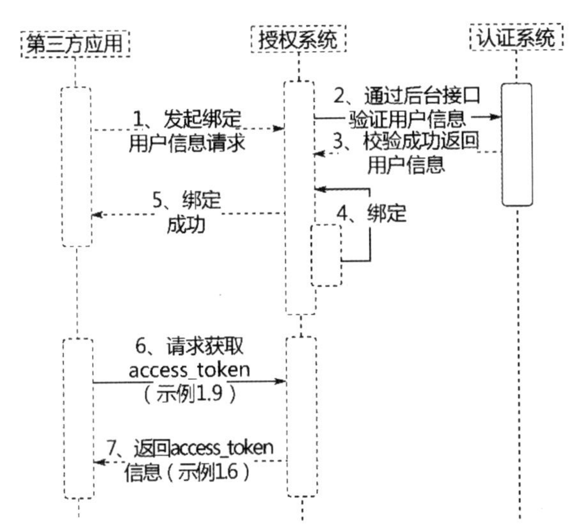

图 1-4　变种授信客户端模式的授权流程

在注册成自研应用时，为第三方应用绑定用户信息。

步骤 1　第三方应用发起绑定用户信息请求。

步骤 2　授权系统通过后台接口验证用户信息。

步骤 3　认证系统校验成功后会返回用户的真实信息。

步骤 4　在授权系统中绑定用户信息与应用信息。

步骤 5　授权系统向第三方应用返回绑定成功的信息。

下面是第三方应用的授权流程。

步骤⑥ 第三方应用向授权系统请求获取 access_token 信息，详见示例 1.9。

步骤⑦ 授权系统向第三方应用返回 access_token 信息，详见示例 1.6。

标准授信客户端模式的授权流程比较简单，只需第三方应用直接发起如示例 1.9 所示的请求，此时 grant_type 为 client_credentials，即可直接获取如示例 1.10 所示的授权信息。

总结

关于四种授权模式的应用场景。

- 隐式授权模式由于存在安全问题，在工作实践中应用较少。
- 授权码授权模式基于前后端通道分离的方式，提供了很强的安全性，因此成为应用最为广泛的授权模式。
- 授信客户端密码模式会直接暴露密码给第三方应用，在使用该模式时要求第三方应用有良好的安全措施，并且是完全值得信任的伙伴，如子公司。
- 在 OAuth 2 所定义的授信客户端模式（标准授信客户端模式）中，主要是开放平台将开放系统中与用户无关的功能开放给第三方应用。在变种授信客户端模式中，由于已经将开放系统的用户与第三方应用进行了绑定，因此在进行授权时，可以获取所绑定的用户数据和相关功能。这种变种授信客户端模式一般用于自研应用的授权场景。

第 2 章

开放平台整体架构

OAuth 2 构建了一套基于 token 的权限校验标准框架，用来实现各种需要权限校验的系统。但是，即使基于同样的框架，也能实现不同系统的个性化。本书主要介绍在开放平台中如何实现 OAuth 2，并讨论相关细节。

本书介绍的开放平台主要由 API 网关、SPI 网关、消息网关、服务市场、授权系统、控制台系统、门户系统、HUB 系统、CMS 系统、Man 系统、加解密系统等子系统组成，这些子系统负责对外或对内提供服务。授权系统是开放平台中负责授权的重要子系统。授权系统需要结合其他系统才能进行授权操作，其他系统也会依赖授权系统的授权结果进行鉴权，所以有必要对开放平台的整体架构进行基本介绍。

本章首先介绍开放平台的结构和功能，然后具体介绍子系统的核心功能，最后介绍子系统之间的协作关系。

2.1 功能架构

从对用户服务的角度，把开放平台分为外部系统和内部系统，如图 2-1 所示。

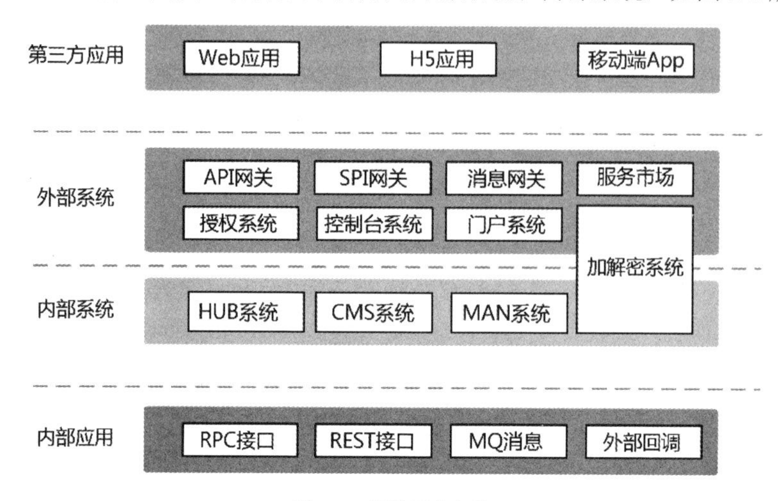

图 2-1 开放平台架构

- 外部系统服务于第三方应用，第三方应用开发者通过对接外部系统，将开发的 Web 应用、H5 应用或移动端 App 等应用与开放平台连接。
- 内部系统可以分为两类：一类负责管理、审批工作；另一类用来支持内部应用对外开放自身能力，这类内部系统，统一定义为内部应用。内部应用会将自身能力通过 RPC 接口、REST 接口、MQ 消息和外部回调等方式提供给开放平台进行对外开放。
- API 网关：第三方应用访问开放平台中开放 API 的入口。内部应用会通过 HUB 系统，将内部的 RPC 接口或 REST 接口发布到 API 网关。有了相应的 API 后，首先第三方应用在控制台系统创建应用并申请 API 权限（一般以权限包的形式进行包装）后，就可以引导用户进行授权；然后通过授权系统获取用户授权信息；最后通过 HttpClient，或者使用开放平台提供的 SDK 请求 API 网关实现业务功能。API 网关会根据第三方应用传递的 token 信息进行权限校验，如果 token 信息校验通过，则通过自身协议转换到内部应用的 RPC 或 REST 接口，执行请求并返回结果。
- SPI 网关：与 API 网关的作用相反，SPI 网关提供了一种通过内部应用调用第三方应用接口的能力。首先内部用户会在 HUB 系统中定义一套协议标准（包括方法名、入参、出参等）；然后第三方应用按照该协议标准实现 REST 接口，并通过控制台系统将接口绑定到对应协议标准下（此时需要有实现该标准的权限）；最后内部应用会通过 SPI 网关指定 client_id（第三方应用在开放平台注册完成后获取的唯一标识）来调用第三方应用，从而实现内部应用调用第三方应用的需求。

- 消息网关：提供了一种格式统一的内部应用调用第三方应用接口的能力。内部应用首先需要在 HUB 系统中申请消息网关的队列权限和消息类型 tag。在有队列和 tag 后，就可以按照标准向队列中发送消息。系统规定了 msg_id、tag、data 分别标识了返回的消息 ID、消息类型、消息体。第三方应用通过在控制台申请订阅相应的消息，并将接收消息的 REST 接口绑定到订阅消息后，以便接收订阅消息。第三方应用需要按照格式返回购买成功或失败。
- 服务市场：第三方应用开发者所开发的应用，提供售卖环境。当第三方应用完成与开放平台的对接工作后，就可以申请在服务市场上架。上架后，需要使用该第三方应用的用户便可进行购买。
- 授权系统：用户获取系统访问凭证的入口，也是本书重点讲解的系统。
- 控制台系统：主要为第三方应用的开发者提供申请应用和管理应用的功能，是第三方应用的开发者在开放平台中的“个人工作台”。
- 门户系统：主要介绍系统，并提供相关开放功能的对接文档，是开发者学习开放平台相关知识和解决问题的主要系统。
- HUB 系统：内部应用对接开放平台的主要系统。内部应用在该系统上发布 API 供第三方应用调用，定义 SPI 接口对第三方应用进行回调，发布 MQ 消息供第三方应用订阅。
- CMS 系统：内容管理系统，主要用来管理门户系统中的文章信息。
- MAN 系统：供开放平台运营人员使用的系统，可以在该系统中审核 HUB 系统内部用户的申请，并提供开放平台的管理功能。
- 加解密系统：一个比较特殊的系统，在系统内部和外部均会使用。在系统内部一般提供 RPC 接口供其他系统使用，在系统外部通过 API 网关暴露对外接口，供第三方应用使用。该系统主要提供系统内部和外部之间的信息加解密功能。
- 用户登录认证系统：在图 2-1 中，并没有展示用户登录认证系统。其原因是，用户登录认证系统一般会由专职部门开发和管理，开放平台只需进行对接即可。当然，这并不是强制标准，在实现了登录认证模块的开放平台中，图 2-1 的外部系统内容中，应该有用户登录认证系统的一席之地。

2.2 API 网关系统

2.2.1 API 整体架构

API 网关是一种业务性的网关，根据应用场景可分为 3 类：Open API 网关、微服务网关和 API 服务管理平台。本书重点讲解 Open API 网关，即通过 REST 方式将企业自身的数据和能力对外开放的网关。

API 网关的实现方案有很多，大致可以分为以下 3 种类型。

- 基于 Nginx+Lua+OpenResty 的方案，如 Kong 和 Orange。
- 基于 Netty 的方案。由于 Netty 只是一个提供多路复用和非阻塞特性的 Socket 开发框架，所以选用 Netty 方案的公司，都会在 Netty 的基础上，通过二次开发来研发网关系统。
- 基于 Java Servlet 的方案。通常将开发普通的 Web 应用作为网关，如 Zuul。

经验

因为前两种是异步非阻塞的方案，所以与前两种方案相比，基于 Java Servlet 的方案并不高效。不过随着 Java Servlet 3.1 引入异步非阻塞后，该方案也成为一个简单可行的选择。

本书介绍的开放平台就使用的是基于 Java Servlet 3.1 的方案，并能充分利用 Servlet 异步非阻塞的特性。图 2-2 所示为 API 网关的整体架构。

在 Nginx 层，基于公司提供的基础网络防护功能和 Nginx+Lua 脚本，网关可以实现基础的限流和安全防护功能。在 Servlet 层使用 Servlet 异步，并通过 pipeline 的方式灵活组织业务。在访问后端应用时，若在 REST 场景下，则使用 HttpClient 4 的异步调用请求；若在 RPC 场景下，则使用公司自研的异步调用请求框架进一步增加吞吐量。

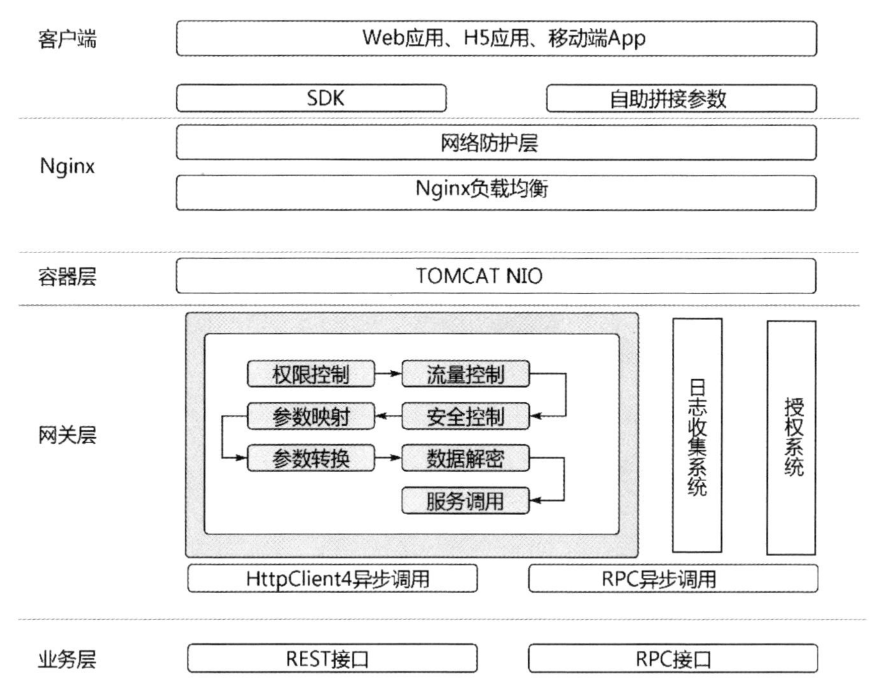

图 2-2　API 网关整体架构

2.2.2　API 网关与授权系统的关系

从图 2-2 中可以看到，网关需要进行“权限控制”，即鉴权操作。用户在调用 API 网关进行访问请求时，一般会创建如示例 2.1 所示的 API 网关请求。

```
    https://api.example.com/routerjson?access_token=##&client_id=##&
method=##&v=##&sign=##&param_json=##&timestamp=##
```

示例 2.1　API 网关请求

示例 2.1 中各参数的含义如下。

- access_token：通过授权系统进行授权后得到的 token，即示例 1.6 中的 access_token。
- client_id：第三方应用在开放平台注册完成后获取的唯一标识。
- method：本次请求要调用的方法。
- v：本次请求要调用方法的版本。
- sign：对所有参数排序后，使用摘要算法（如 MD5 算法和 SHA-1 算法）生成的签名。服务端会对签名进行验证。

- param_json：调用方法时传递的参数，该参数一般不出现在 URL 中，而是出现在请求体内，即以 POST 方法提交。
- timestamp：请求的时间戳。服务器端会对时间戳进行校验，如果时间相差太大，则拒绝调用。

API 网关在收到请求后，会根据 access_token 和 client_id 请求授权系统进行鉴权操作。这种操作一般通过内部的 RPC 框架进行调用。授权系统需要根据 access_token 和 client_id 验证 access_token 是否合法、是否在有效期内等信息。如果验证通过，则要向 API 网关返回具体的授权信息。

2.3 控制台系统

2.3.1 功能概述

控制台系统是第三方应用开发者的操作中心。

- 创建并管理第三方应用的基础信息，如第三方应用的 client_id、client_secret、回调地址、IP 地址白名单等。
- 为第三方应用申请权限包。权限包对应着一组 API 的调用权限，一个权限包会根据需求被划分到多个 scope 权限中（也就是说，scope 权限之间可以有权限重叠的现象）。
- 为第三方应用申请流量包。流量包一般绑定在具体的 API 上，初始的流量包可能只能满足最基本的需求。若第三方应用有额外需求，则需要提交申请来提升流量。流量包有多种规格，部分流量包可能会收费。
- 下载 SDK。一般开放平台为了方便第三方应用接入，会提供相应的 SDK 封装底层授权，同时提供 API 调用逻辑。
- 对第三方应用的生命周期进行管理，包括上线、下线、删除等。
- 为第三方应用的操作中心提供消息订阅、SPI 注册等功能。

2.3.2 控制台系统与授权系统的关系

- 授权系统在进行授权时，必然要验证请求参数的正确性。例如，client_id、client_secret、redirect_url 等信息的有效性，这些信息都存储在控制台系统中。
- 为了保护开放平台的安全，一般授权系统会强制要求第三方应用在控制台系统中配置 IP 地址白名单。这样一来，授权系统在进行授权时，会验证请求的客户端是否在白名单中。

- 第三方应用在授权时，需要上传一组 Scope 参数列表，用来表示需要用户授权的范围。在收到请求后，授权系统会取控制台系统中该第三方应用配置的权限包与收到的 Scope 参数列表所对应的权限包的交集，作为展示给用户的授权列表，明确告知用户会将哪些权限授权给第三方应用。如果用户同意授权，则第三方应用可以获得 API 操作能力和用户信息获取能力。

2.4 服务市场

对接开放平台的第三方应用一般有两类：一类是自研型应用，即只供自身账号使用的应用；另一类是售卖型应用，会定价并发布到服务市场供其他用户购买后使用。

服务市场为售卖型应用提供售卖场所。第三方应用的开发者将基于开放平台所开发的第三方应用在服务市场中上架售卖，开放平台的用户可以购买适合自己的第三方应用。

授权系统在进行授权时，会生成如示例 1.6 所示的 access_token。access_token 有过期时间，且过期时间没有具体标准，有的几个小时，有的长达几天。针对售卖型应用最终生成的 access_token，需要考虑用户购买应用的有效期。如果正在授权的应用是售卖型应用，则授权系统在授权时会调用服务市场，从而获取当前用户购买应用的有效期。如果用户没有购买过该应用，则直接拒绝授权；如果应用在有效期内，则 access_token 的有效期会被设置为系统默认有效期和剩余购买有效期中的较小值。

售卖型应用拥有两种授权方式：一种是由第三方应用引导用户进行授权；另一种是插件化授权模式实现。用户在授权时，直接在服务市场内单击授权，此时服务市场已获取用户的登录状态，只需用户直接同意授权即可，无须再次登录。

第3章 实战中的授权模式

在实践过程中，会使用授权码授权模式、授信客户端密码模式、授信客户端模式等授权模式，同时演变出用户名密码授权码授权模式和插件化授权模式。本章会详细介绍这些授权模式所适合的授权场景和基于这些授权模式的变种模式。

3.1 授权码授权模式的应用

授权码授权模式是应用广泛且安全性较高的授权模式，其具体流程和优势已经在第 2 章中进行了详细介绍，这里不再赘述。现在具体讨论授权码授权模式在实战中的实现细节，主要包括获取 code、获取授权信息和刷新授权信息 3 部分。

3.1.1 获取 code

步骤 1 访问第三方应用，对应图 1-2 的第 1 步和第 2 步，通过直接访问网址或从某个页面单击超链接进行跳转。授权码请求链接如示例 3.1 所示。

```
https://example.OAuth.com/OAuth 2/authorize?client_id=
##&response_type= code&redirect_url=##&state=##&scope=##
```

示例 3.1 授权码请求链接

授权系统在收到请求后，会根据第三方应用在控制台系统中保存的信息，进行 client_id、redirect_url 及 IP 网址白名单校验。如果校验通过，则会进一步对 scope 参数所传递的权限列表进行过滤，过滤掉那些第三方应用还没有开通的权限和无效权限。过滤后的权限列表将会显示给用户，使用户明确自己的授权范围。

步骤 2 跳转到登录页面，通知用户进行登录授权，对应图 1-2 的步骤 3 和步骤 4。

在实际工作中，有两种方式可以实现此步骤的内容。

1. 方式一

由授权系统实现登录功能，在收到如示例 3.1 所示的请求后，将请求中的参数和步骤 1 获取的授权提示信息存放在请求域中，并使用 forward 的方式，将请求重定向到登录页面即可。用户在页面显示登录成功后，由于在同一个系统中，因此不需要进行图 1-2 的步骤 4，即可直接使用获取的用户信息进行下一步操作。

经验

此方式实现起来比较简单，不需要依赖外部系统进行用户登录验证，但是也存在以下缺点。

- 要搭建一个可用的、安全的登录系统并非易事，必须具有防脚本攻击、保存与维护用户信息、多端适应等功能，因此系统需要付出很大的成本。
- 在大型公司中，一般会有专门负责研发和维护用户登录认证系统的团队，整个公司都会对接该团队所提供的用户登录功能来完成业务需求。重新开发一套用户登录认证系统，不但是在重复“造轮子”，而且需要兼容已有的账号体系。

2．方式二

由相关协作部门实现登录功能。首先授权系统会将获取的参数信息进行持久化；然后授权系统发送登录请求到登录系统；最后在用户完成登录后，登录系统会回调到授权系统。下面详细介绍实现步骤。

1）持久化参数

授权系统为了能在用户完成登录后，使用获取到的登录态来生成 code，需要将请求参数基于 key-value 的形式进行持久化，其中 key 会传递给登录系统，登录系统在回调授权系统时，会进行回传，从而实现用户授权与参数信息相对应。

基于 key-value 的持久化方案有很多，这里以 Redis 为例。授权系统首先生成一个 UUID 作为 key，然后将相关参数转为 JSON 格式后保存在 Redis 中。持久化格式如示例 3.2 所示。

```
key:58af2482-45c4-47b7-9080-fed2ac868627
value:
{
  "client_id":"7c6bdb6a3f1049b893a4a6294e241110",
  "redirect_url":"https://www.example.com",
  "response_type":"code",
  "scope":"base_info,shop_operate",
  "state":"my_sate"
}
```

示例 3.2　持久化格式

在上述示例中会指定过期时间（一般为 5 分钟）。也就是说，如果用户在指定时间内没有完成登录操作，则需要重新开始整个授权流程。这样可以简化授权系统的缓存管理，保障缓存中不会存在大量的垃圾数据。

2）发送请求到登录系统

登录系统需要专门为授权系统提供登录场景，即需要定制化开发。其根本原因是授权系统在用户登录时，需要在登录页面向用户展示权限列表和授权的第三方应用信息，并在用户完成授权后，将页面请求重定向到授权系统。

授权系统会创建如示例 3.3 所示的引导用户登录请求。

```
https://passport.OAuth.com/OAuth/login?nls=##&redirect_url=https
%3A%2F%2Fexample.OAuth.com%2FOAuth 2%2Fcode%3FsessionToken%3
Duuid&client_name=##&client_img=##&signature=##&terms=##,##,##
```

示例 3.3　引导用户登录请求

示例 3.3 中各参数的含义如下。

- nls：用于控制在跳转到登录页面后，是否强制进行登录。如果 nls 为 1，则用户每次跳转到登录页面时，即使已有登录态，依然需要单击“登录”按钮进行登录；如果 nls 为 0，则用户跳转到登录页面后，无须再进行任何操作，直接进行后续操作即可。该参数允许用户更换账号。
- redirect_url：登录成功后的回调地址，会被设置为回调地址经过 UrlEncode 算法编码过的值，即 https://example.OAuth.com/OAuth 2/code?sessionToken=uuid 使用 UrlEncode 算法进行编码后的值。其中，sessionToken 的值是一个 UUID，对应示例 3.2 中的 key 值。登录系统会在登录成功后，将用户态写入浏览器，并根据该 redirect_url 回调到授权系统。
- client_name：第三方应用在注册控制台系统时设置的应用名称，在页面展示时使用。
- client_img：第三方应用在注册控制台系统时设置的应用图标，在页面展示时使用。
- signature：所有参数自然排序后的签名，用来进行签名校验。
- terms：最终展示给授权用户的授权范围列表。terms 是第三方应用所拥有的权限列表与 scope 参数列表取交集后产生的结果。

在如图 3-1 所示的用户登录页面中，通过 client_img、client_name 和 terms 明确告知当前授权用户向谁授予何种权限。

3）回调授权系统

在用户成功登录后，首先登录系统会在浏览器的 cookie 中存入用户登录态，然后登录系统会通过 redirect_url 回调到授权系统。授权系统会对接登录系统的拦截器，所以在收到登录系统回调后，授权系统不仅能获取用户登录态，还能通过 sessionToken 获取缓存的第三方应用信息，从而进行下一步的授权操作。

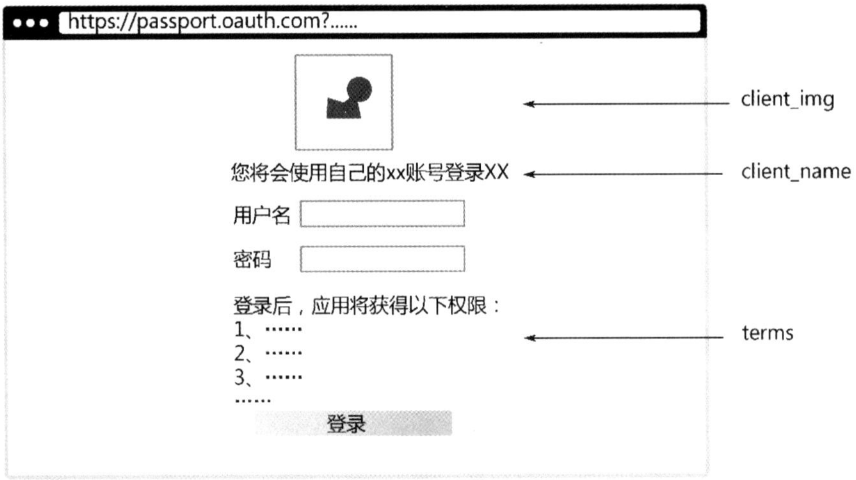

图 3-1　用户登录页面

注意

sessionToken 只能使用一次。一般通过 sessionToken 获取缓存的第三方应用信息后，就会删除缓存，这样可以提高登录系统的安全性。

步骤 3 生成 code 并回调，对应图 1-2 的步骤 5。

此时，授权系统已获取用户信息，接着会生成随机的 code。在将用户信息和示例 3.2 中的信息结合后，以 key-value 的方式进行 Redis 持久化，并将过期时间设置为 5 分钟。code 缓存信息如示例 3.4 所示。

```
value:
{
  "client_id":"7c6bdb6a3f1049b893a4a6294e241110",
  "redirect_url":"https://www.example.com",
  "response_type":"code",
  "scope":"base_info,shop_operate",
  "state":"my_sate",
  "pin":"fake_pin",
  "shop_id":"fake_shop"
}
```

示例 3.4　code 缓存信息

key：这里为 code。code 的格式有很多，在后文中将详细探讨。

示例 3.4 在示例 3.2 的基础上，增加了 pin 和 shop_id 两个用户信息，便于获取下一步的 access_token。

在生成以上数据后，授权系统创建如示例 3.5 所示的回调地址，并重定向到第三方应用。

```
https://example.com/callback?state=##&code=##
```

示例 3.5　code 回调地址

3.1.2　获取授权信息

在 3.1.1 节中已获取了 code，本小节将使用 code 获取 access_token，对应图 1-2 的步骤 6 和步骤 7。

第三方应用接收示例 3.5 的回调请求后，会验证 state 字段是否为第三方应用所指定的值。最简单的验证方式是，当第三方应用发送获取 code 的请求时，在 Redis 缓存中存放一个 state 值；当第三方应用收到回调请求后，在 Redis 缓存中查询回调请求中的 state 值。如果没有查询到对应值，则说明收到的回调请求是非法请求，不执行后续流程；否则需要从 Redis 缓存中清除 state 值，并执行后续流程。

注意

在 Redis 缓存中没查询到 state 值的情况，有以下 3 种。

- state 从未被放入 Redis 缓存中，证明回调请求是黑客攻击。
- state 被放入 Redis 缓存中，但 state 已过期、失效。在这种情况下，授权系统没有在有效时间内进行回调请求，这说明在请求过程中出现了网络异常，或者用户未能在规定时间内进行授权。这时的回调已经没有任何意义，第三方应用需要拒绝该请求。
- state 被放入 Redis 缓存中，但被其他有效回调请求消费并删除。这种情况可能是由网络抖动导致的授权系统重试。这时回调操作没有意义，第三方应用需要拒绝该回调，以便保证回调接口幂等性。

在验证 state 值后，第三方应用需要在后台创建请求，从而获取 access_token 信息。获取授权信息请求如示例 3.6 所示。

```
https://example.OAuth.com/OAuth 2/access_token?client_id=
##&client_secret=##&code=#& grant_type=authorization_code
```

示例 3.6　获取授权信息请求

示例 3.6 中的 code 是从示例 3.5 中获取的。client_id 是第三方应用的唯一 ID，client_secret 是第三方应用的密码。因此，client_id 和 client_secret 是第三方应用开发者在控制台系统中申请的唯一 ID 和密码。

授权系统在收到如示例 3.6 所示的请求后，会验证 client_id 和 client_secret 是否正确，code 所对应的授权信息是否存在。

获取 code 对应的缓存信息后，该缓存信息就会被删除。使用 code 对应的缓存信息可以生成 access_token，此时一个 code 只能使用一次。在生成 access_token 时，返回第三方应用的授权信息，如示例 3.7 所示。

```
{
  "access_token":"ACCESS_TOKEN",
  "expires_in":86400,
  "refresh_token":"REFESH_TOKEN",
  "refresh_expires_in":864000,
  "open_id":"OPENID",
  "scope":"SCOPE",
  "token_type":"bearer"
}
```

示例 3.7　授权信息

如果在授权系统中存在用户对第三方应用的有效授权信息，则授权系统不会重复执行生成 access_token 的逻辑，而会直接查询如示例 3.7 所示的授权信息，并返回给第三方应用。

如果不存在有效的授权信息，则授权系统会随机生成如下信息。

- access_token 和 refresh_token：最简单的生成方式是直接使用 UUID。
- access_token 的过期时间：该过期时间的长短由授权系统在业务场景中决定。
- refresh_token 的过期时间：refresh_token 的过期时间一般为 access_token 过期时间的 2～3 倍。
- open_id：系统用户针对第三方应用会生成唯一标识，也是用户在第三方应用中的唯一标识。也就是说，当第三方应用将 open_id 和 client_id 传入授权系统时，授权系统能定位系统内部的唯一用户。如果确定系统的唯一用户和第三方应用的 client_id，则授权系统能生成唯一的 open_id。

为了支撑业务，授权系统在生成 access_token 时，也会保存相应信息。示例 3.8 所示为一些必要的业务支撑信息，不同授权系统可以根据不同业务场景，增加需要保存的信息。

```
{
    "clientId":"CLIENT_ID",
    "clientSecret":"CLIENT_SECRET",
    "authPackages":"PACK1,PACK2,PACK3,PACK4",
    "accessToken":"ACCESS_TOKEN",
    "expiresIn":86400,
    "expireTime":1663603199787,
    "refreshToken":"REFESH_TOKEN",
    "refreshExpiresIn":864000,
    "refreshExpireTime":1663609199787,
    "openId":"OPEN_ID",
    "userId":"USER_ID"
}
```

示例 3.8　业务支撑信息

示例 3.8 中各字段的含义如下。

- clientId 和 clientSecret：第三方应用的唯一标识和密码。
- authPackages：在授权时，对 scope 权限和第三方应用所拥有的权限包取交集后，得到权限包列表，用于控制 access_token 的访问权限。
- accessToken：生成有效的 accessToken。
- expiresIn 和 expireTime：均为 access_token 过期时间，其中 expiresIn 是指 access_token 的有效时间，以秒为单位；expireTime 是指 access_token 的失效时间戳，以毫秒为单位。
- refreshToken：供第三方应用刷新 access_token 的 token。
- refreshExpiresIn 和 refreshExpireTime：均为 refresh_token 的过期时间，其中 refreshExpiresIn 是指 refresh_token 的有效时间，以秒为单位；refreshExpireTime 是指 refresh_token 的失效时间戳，以毫秒为单位。
- openId：系统用户在第三方应用中的唯一标识。要根据 OpenID 的实现方案决定是否保存该字段。
- userId：系统用户的唯一账号。

示例 3.8 中的数据通常会保存在数据库中。为了支撑业务，会将数据进行异构处理，在 Redis 等数据库中进行缓存。缓存的数据一般会包括以下几种。

- 以 access_token 为 key，缓存示例 3.8 中的信息，并将过期时间设置为 access_token 的过期时间，用于支撑 token 的权限验证。由于调用任何开放 API 都需要进行鉴权操作，所以鉴权接口调用量一般较大。
- 以 refresh_token 为 key，缓存示例 3.8 中的信息，并将过期时间设置为

refresh_token 的过期时间，用于支撑 access_token 刷新。

- 以 OpenID 为 key，缓存示例 3.8 中的信息，用于查询特定的第三方应用是否有用户的授权信息。

3.1.3 刷新授权信息

本小节主要讲解使用 refresh_token 刷新授权信息的相关操作，对应图 1-2 的步骤 8 和步骤 9。第三方应用会构建如示例 3.9 所示的授权信息刷新请求，用于访问授权系统并刷新授权信息。

```
https://example.OAuth.com/OAuth 2/refresh_token?client_id=
##&client_secret=##&grant_type=refresh_token&refresh_token=##
```

示例 3.9 授权信息刷新请求

为了保障系统安全，access_token 有过期时间，且授权系统会返回 refresh_token 供第三方应用刷新 access_token。refresh_token 本身也有过期时间，如果 refresh_token 已过期，则第三方应用只能引导用户再次进行授权，获取新的 access_token 进行请求。

刷新 access_token 的策略没有统一标准，主要依赖于授权系统对自身业务的理解。常见的刷新方式有以下几种。

- 每次刷新 access_token 时，都生成新的 access_token，并设置原有 access_token 的过期时间为一个很短的时间，如一分钟。这样可以保障在新旧交替的过程中，即使有使用旧 access_token 的请求，也能顺利执行。
- 每次刷新 access_token 时，都重置 access_token 的过期时间，其他信息保持不变。
- 将 access_token 的时间分成多个时间段，并且不同的时间段，在刷新 access_token 时会有不同的反应。例如，将 access_token 的有效时间期平均分为前期和后期。如果在前期收到刷新请求，则直接延长 access_token 有效期；如果在后期收到刷新请求，则生成新的 access_token。

经验

上述 3 种 access_token 的刷新方式各有优劣。例如，第二种刷新方式看起来比较危险，因为 access_token 一直刷新，一直不变化，所以容易在长期请求过程中，导致 access_token 泄露。但是，第二种刷新方式对于第三方应用比较亲和，在完成刷新 access_token 的请求后，只需修改过期时间，其他数据都不会发生变化。第一种刷新方式每次都会生成新的 access_token，实现成本和对接成本较高，但可以提高安全性。

除此之外，access_token 的刷新操作有次数限制，如每天 20 次或每月 100 次，不同的授权系统根据自身业务定制合适的策略即可。

3.2　用户名密码授权码授权模式的应用

目前，很多大型公司都在进行 SaaS（Software-as-a-Service）改造。为了节省成本，可以复用已有的能力，对系统进行多租户改造，对外提供通用的后台能力。不同租户会在 SaaS 能力的基础上，实现自身 SOA 层，封装底层系统提供的后台通用能力，基于封装的通用能力实现自身特定业务。例如，使用自定义登录页面。

本书根据实际业务场景，创建了用户名密码授权码授权模式。在如图 3-2 所示的用户名密码授权码授权模式的系统交互图中，展示了获取 code 的整体流程。

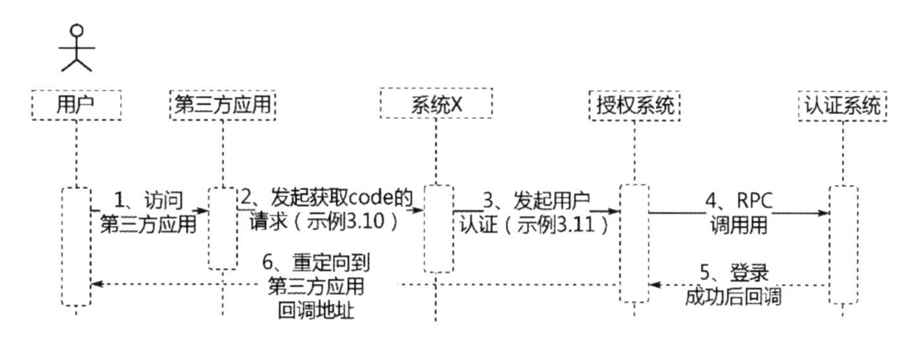

图 3-2　用户名密码授权码授权模式的系统交互图

假设现有某个业务体系中的一个独立系统 X。系统 X 已有一套完整的开放平台，如果要添加一些定制化需求，但这些定制化需求使用当前开放平台无法满足，则需要系统 X 对接开放平台，并通过 SOA 层包装，实现一套完整的开放平台。此时，系统 X 可以将自身能力开放给第三方应用，从而实现各种系统功能。

作为第三方应用的开发者，如果要进行开放能力对接，则首先会在控制台子系统中创建第三方应用账号并完善相关信息，获取 client_id、client_secret、redirect_url、权限包等必要信息。在创建第三方应用后，即可进行授权操作。具体授权流程如下。

步骤 1 第三方应用引导用户进行授权登录。

第三方应用通过创建如示例 3.10 所示的请求，引导用户进行授权登录。

```
https://x.OAuth.com/OAuth 2/authorize?client_id=##&response_type=
code&redirect_url=##&state=##&scope=##
```

示例 3.10　第三方应用引导用户登录的请求

示例 3.10 中的参数将 URL 地址改成 https://x.OAuth.com/OAuth 2/authorize，是因为这个地址是系统 X 的地址，页面样式和展示内容由系统 X 自定义和实现。

> **注意**
>
> 系统 X 从零开始实现登录页面并非易事，需要考虑到各种安全因素，如验证码措施和防脚本攻击措施等。所以，系统 X 在自己进行授权页面时，就需要承担相关的安全责任。

在收到如示例 3.10 所示的请求后，系统 X 会调用通用能力校验参数，并获取如图 3-1 所示的登录页面，展示需要的相关信息，最终返回如图 3-1 所示的登录页面。

步骤 ② 通过用户名和密码获取 code。

当用户在系统 X 的登录页面中输入用户名和密码并单击“登录”按钮后，系统 X 会在系统后台通过 HttpClient 的方式创建如示例 3.11 所示的请求，并从授权系统中获取 code。

```
https://example.OAuth.com/OAuth 2/authorize/password?client_id=
##&response_type=code&redirect_url=##&state=##&scope=##,##&tenant=##
&username=## &password=##
```

示例 3.11　获取 code 的请求

示例 3.11 中各参数的含义如下。

- client_id：系统 X 的第三方应用在开放平台中的唯一标识。
- response_type：默认填写 code，表示当前需要获取 code。
- redirect_url：用于接收开放平台的 code 回调请求，由第三方应用管理员通过系统 X 的开放平台的控制台子系统进行配置。
- state：第三方应用在发起示例 3.10 的请求时传递的值。
- scope：第三方应用在发起示例 3.10 的请求时，传递的值成为经过系统 X 过滤后的合法值。
- tenant：系统 X 在申请使用通用能力时，从开放平台获取的唯一租户编码。系统 X 下的所有第三方应用都属于该租户，因此授权系统会根据 tenant 验证

client_id 是否属于发起调用的租户。

- username：用户在系统 X 登录时填写的用户名。
- password：用户在系统 X 登录时填写的密码。

提示

username 和 password 一般不会以明文的方式传递。在系统 X 对接租户时，会生成加密 username 和 password 的密钥对。

步骤 3 授权系统生成 code。

授权系统在收到如示例 3.11 所示的请求后，会进行必要的校验操作，包括 client_id 的有效性、tenant 的有效性、client_id 与 tenant 是否对应、client_id 与 redirect_url 是否对应等。

校验完成后，首先会解密 username 和 password；然后使用解密后的 username 和 password，通过 RPC 调用进行用户登录验证，从而获取登录用户信息。

提示

这里假设登录系统由统一的协作部门完成，如果授权系统自身可以实现登录验证功能，就将 RPC 调用改成本地调用。

生成 code 的细节在 3.1 节中已详细介绍，这里不再赘述。在生成 code 后，授权系统直接回调到第三方应用。第三方应用在获取 code 后，可以按照 3.1 节中获取 access_token 和刷新 access_token 的流程进行后续操作。

3.3 授信客户端密码模式的应用

如果可以信任第三方应用，则可以使用授信客户端密码模式。因为该模式会将客户的用户名和密码完全暴露给第三方应用，所以第三方应用一般是子公司或合作伙伴。这种授权模式的应用场景较少。

在 1.2.3 节中大致介绍了这种授权模式的授权流程，本小节会对流程中的操作进行详细说明。

步骤 1 获取用户信息。

为了完成登录操作，用户会在第三方应用中输入用户名和密码（详见图 1-3）。

注意

用户在第三方应用提供的登录页面中进行登录操作，因为第三方应用能获取用户的用户名和密码，所以第三方应用必须保障用户的信息安全。

步骤 2 获取用户授权信息。

第三方应用在获取用户的用户名和密码后，在后台通过HttpClient创建如示例3.12所示的请求，以便从授权系统中获取 access_token。

```
    https://example.OAuth.com/OAuth 2/access_token?client_id=
##&client_secret=##&username=##&password=##& grant_type=
password&scope=##
```

示例 3.12　获取 access_token 请求

示例 3.12 中的 username 和 password 不会使用明文传递，这是因为开放平台会生成密钥对，对 username 和 password 进行加解密。第三方应用从开放平台的控制台子系统中获取密钥。

授权系统在收到示例 3.12 的请求后，首先会进行必要的校验，然后按照 3.1 节中的 access_token 生成流程来生成 access_token。第三方应用在获取 access_token 后，也会按照 3.1 节中的方式来使用和刷新 access_token。

3.4　授信客户端模式的应用

3.4.1　标准授信客户端模式

标准授信客户端模式只有第三方应用和开放平台参与，并没有开放平台所在系统的用户参与。该授权模式最原始的使用场景为：开放平台所在系统通过开放平台暴露出不属于任何用户的公共资源。例如，一个大型博客系统的首页目录不属于任何用户，第三方应用想要访问该公共资源，可以使用授信客户端模式获取 access_token，从而得到访问公共资源的能力。

这种授权模式类似于普通的用户名和密码登录模型，第三方应用作为系统用户，输入用户名（client_id）和用户密码（client_secret），获取 access_token 进行系统访问。scope 中规定的资源操作权限可以看作用户的角色权限。在实际场景中，该授权模式的应用较为简单，这里不进行深入讨论。

3.4.2 自研应用

自研应用是一种特殊的第三方应用，开发自研应用不是为了将其投放到服务市场，供其他人使用。自研应用的开发者就是其使用者。

下面举一个例子说明自研应用。有 3 个角色，分别是商城系统、商城系统的开放平台和在商城系统中的店铺用户。

商城系统通过开放平台，将自身的一些能力变为开放 API，供第三方应用进行功能扩展，共同为商城的店铺用户提供更加丰富、实用的功能。

在通常情况下，一个第三方应用在基于开放平台所开放的 API 开发出特定功能后，会将该应用发布到服务市场，使商城系统中的店铺用户可以在服务市场上购买该第三方应用。商城系统中的店铺用户在购买该第三方应用后，通过 code 授权模式，将自己的权限授权给第三方应用，便可以使用该第三方应用所开发的特定功能来完成自身业务需求。

然而，有的店铺用户体量较大，如大型超市。这个店铺用户有自己的研发团队，希望通过开放 API，为自身开发定制的功能，以这种目标进行开发的应用就是自研应用。

总体来看，自研应用不对外发布，只为自身用户提供服务。这里的“自身用户”一般只有一个用户，或者是一组用户，如上面的例子中，用户可能会开多个店铺，这些店铺会基于同一个自研应用来实现自身业务需求。

3.4.3 自研授信客户端授权

以只有一个用户的自研应用为例，详细介绍自研授信客户端模式的流程（详见图 1-4）。

步骤 1 用户绑定。

由于第三方应用是自研应用，用户既拥有开放系统的账号信息，又拥有第三方应用的认证信息（如 client_id、client_secret 等），所以用户可以将第三方应用和用户的关系进行绑定。

第三方应用通过授权系统发起绑定用户请求，如示例 3.13 所示。

```
https://example.OAuth.com/OAuth 2/binding?client_id=
##&client_secret=##&username=##&password=##
```

示例 3.13　绑定用户请求

示例 3.13 中各参数的含义如下。

- client_id：第三方应用在开放平台注册完成后获取的唯一标识。
- client_secret：第三方应用在开放平台注册完成后获取的密码。
- username：绑定的用户名。
- password：绑定的密码。

授权系统在收到绑定请求后，会验证 client_id 和 client_secret 的正确性。如果验证通过，则通过底层的 RPC 请求验证用户名和密码是否正确。如果正确，则将第三方应用和用户绑定在一起。绑定操作只需进行一次。绑定成功后，即可进行后续授权操作。为了实现功能的完整性，授权系统应提供解除绑定服务。

步骤 2 获取 access_token。

在已经存在有效的用户绑定关系后，第三方应用可以创建如示例 3.14 所示的请求进行授权操作。

```
https://example.OAuth.com/OAuth 2/access_token?client_id=
##&client_secret=##&grant_type=self_credentials
```

示例 3.14 自研授信应用获取授权信息的请求

当授权系统收到授权请求后，首先获取第三方应用绑定的用户信息，然后将该用户的所有权限与第三方应用所拥有的权限取交集后，授权给第三方应用。第三方应用在获取 access_token 后，可以按照 3.1 节中的方式来使用和刷新 access_token。

3.5 插件化授权模式的应用

在大型公司中，所有系统都会对接同一套登录注册系统，因此这些系统之间会共用用户登录态。如果开放平台属于上述的共享用户登录态的系统之一，那么共享用户登录态的其他系统在已获取用户登录态的情况下，不需要用户进行登录操作，只需用户进行授权确认，即可直接在该系统中唤起第三方应用。

要唤起第三方应用的系统，需要确定当前登录的用户，是否已经对要唤起的第三方应用存在有效授权。如果存在有效授权，则直接将授权信息返回给第三方应用，从而完成唤起；如果不存在有效授权，则需要弹出一个页面显示用户要授权的权限，并由用户确认授权后再进行后续授权操作，最终唤起第三方应用。之所以用户只需单击“授权”按钮，是因为用户已经进行过登录操作，只需将权限授予第三方应用即可。

标准的授权功能无法支持上述操作。在上述授权流程中，由于所有操作都发生在用户所登录的系统中，所以授权系统并不主导整个授权流程，而是作为一个“插件”，辅助当前系统完成授权流程，即插件化授权。

插件化授权模式的应用场景大多集中在服务市场。用户在购买应用后，会直接单击类似“去使用”的按钮，进入第三方应用，这时就需要用户对第三方应用进行授权。

服务市场场景主要分为普通应用场景和官方应用场景。下面将基于服务市场的不同场景，对插件化授权模式进行详细介绍。其中，普通应用场景是非常常见的授权场景，官方应用场景是一种比较特殊的授权场景。

3.5.1　普通应用场景

用户在登录服务市场并购买应用后，经常会唤起第三方应用进行授权，此时会触发用户对第三方应用的授权流程。为了支持服务市场的“插件化”需求，授权系统会开发 RPC 接口进行支持。

第三方应用在服务市场中的插件化授权流程如图 3-3 所示。

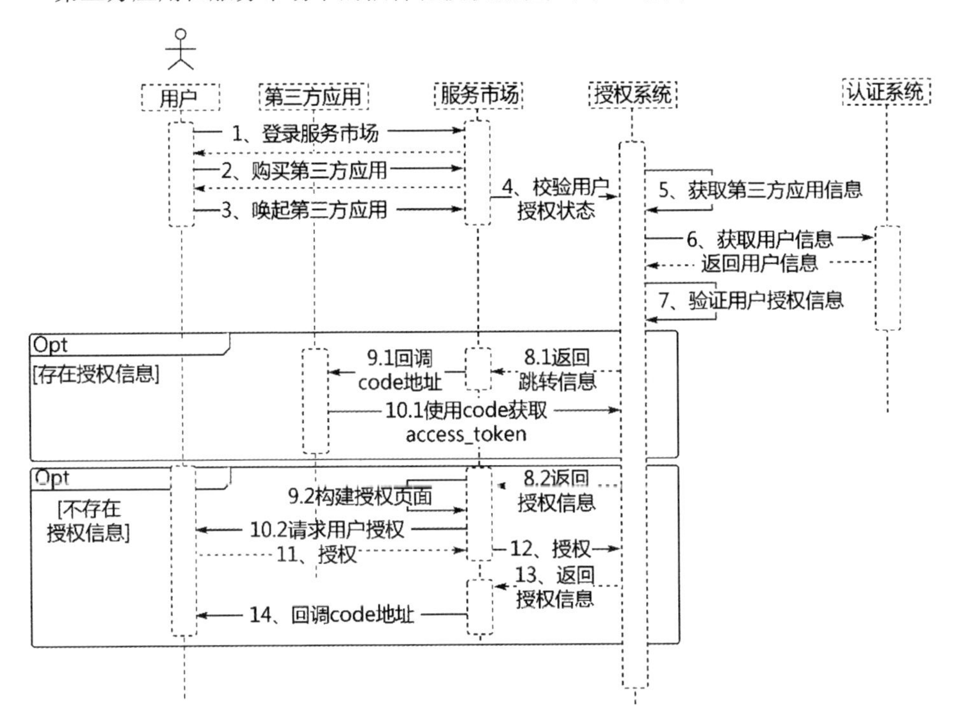

图 3-3　第三方应用在服务市场中的插件化授权流程

1. 用户登录服务市场购买应用

服务市场接入与开放平台相同的用户账号体系。用户在登录服务市场后，可以购买应用，并启动应用进行使用。

2. 校验用户授权状态

用户在启动应用时，可以调用授权系统提供的 RPC 接口来校验用户的授权状态。用户授权状态的校验请求如示例 3.15 所示。

```
public class GetAppStartInfoRequest {
    /**第三方应用在控制台系统注册的唯一标识*/
    private String clientId;
    /**
     * 第三方应用在发布到服务市场时，填写的回调地址
     * 该回调地址必须包含在第三方应用的回调地址列表中，且该列表由第三方应用管理员在控制台系统创建应用时填写
     * */
    private String redirectUrl;
    /**
     * 要启动的第三方应用在发布到服务市场时，填写的回调 state
     * state 用来为第三方应用提供一定的校验功能
     * */
    private String state;
    /**
     * 用户的唯一标识
     * 在该场景下，由于用户已经在服务市场登录，且服务市场可以获取用户的唯一标识
     * 因此在调用接口时，可以直接将用户信息传递到授权系统，用户无须再授权系统进行登录
     * */
    private String userId;
    /** Getters Setters **/
}
```

示例 3.15 用户授权状态的校验请求

注意

在普通应用场景下是无法动态指定 redirectUrl 和 state 的，所以将它们设置为固定值。

在授权码授权模式下，第三方应用可以在发起请求时（见示例 3.1）指定 redirectUrl

和 state，只要指定的 redirectUrl 在第三方应用的回调列表中，且 state 的长度符合规范即可。在服务市场启动第三方应用时，用户授权状态的校验操作由服务市场发起，第三方应用无法主动设置 redirectUrl 和 state 的值，所以需要在第三方应用发布到服务市场时进行配置。

当授权系统收到如示例 3.15 所示的校验请求后，会进行必要参数的校验。首先校验回调地址是否合法，在校验通过后，通过 userId 获取用户的必要信息，并校验这些信息的合法性；然后授权系统使用 clientId 和 userId 验证用户的授权状态，即通过 clientId 和 userId 确定唯一的 OpenID，并检验对应的 OpenID 中是否存在有效的授权信息。如果存在授权信息，则执行情况一中的流程；如果不存在授权信息，则执行情况二中的流程。

3．获取授权信息

在校验用户授权状态的过程中，如果存在有效的授权信息，则授权系统会按照 3.1 节中的步骤生成 code，并返回一个字段，如示例 3.16 所示的数据结构。

```
public class GetAppStartInfoResponse {
    /**
     * 如果存在有效的授权信息，则为 true，否则为 false
     */
    private Boolean authorized;
    /**
     * 以下信息在 authorized 为 true 时有效
     * 唯一的 code，用来获取 access_token
     */
    private String code;
    /**回调地址，该值由示例 3.15 传递*/
    private String redirectUrl;
    /**state，该值由示例 3.15 传递*/
    private String state;
    /**
     * 以下信息在 authorized 为 false 时有效
     * 用户授权条目，用来显示用户在授权时要授权的权限信息
     */
    private List<String> terms;
    /**第三方应用在控制台系统中注册的应用图标*/
    private String clientImg;
    /**第三方应用在控制台系统中注册的应用名称*/
    private String clientName;
```

```
    /**Getters 和 Setters*/
}
```

示例 3.16 生成 code

服务市场在收到如示例 3.16 所示的返回结果后，会根据 authorized 字段进行不同处理。

情况一：存在授权信息，直接返回 code。

如果 authorized 为 true，则可以判断当前用户对第三方应用存在有效的授权信息。将 code、redirectUrl 和 state 拼接成如示例 3.17 所示的 code 回调地址，回调到第三方应用，完成第三方应用的唤起。

```
https://example.com/callback?state=##&code=##
```

示例 3.17 code 回调地址

由于第三方应用已经完成 code 授权流程的对接，因此在收到回调请求后，会按照 3.1 节中的步骤获取 access_token，根据 access_token 中的 OpenID，将开放平台所在系统的用户与第三方应用自身的用户对应起来。同时可以使用 access_token 访问开放平台的开放 API，即获取开放平台用户在第三方应用中的登录态。

情况二：不存在授权信息，要求用户进行授权。

如果不存在有效的授权信息，则授权系统会获取第三方应用所拥有的权限包，并解析为对应的授权条款，赋值给示例 3.16 中的 terms 字段。同时获取第三方应用名称，赋值给示例 3.16 中的 clientName 字段。获取第三方应用图标，赋值给示例 3.16 中的 clientImg 字段。最后，将示例 3.16 中 authorized 的值设置为 false。第三方应用的权限包、图标及应用名称，都由第三方应用管理员在创建第三方应用时填写。

服务市场会收到如示例 3.16 所示的返回结果，此时 authorized 的值为 false，表示不存在有效的授权信息，需要根据示例 3.16 中的 terms、clientImg 和 clientName 创建如图 3-4 所示的用户授权页面，以便引导用户对第三方应用进行显式授权。

用户在单击图 3-4 中的“授权”按钮后，服务市场会构造如示例 3.18 所示的参数，请求授权系统提供 RPC 接口，使用户通过该接口对第三方应用进行授权。

```
public class AppStartAuthRequest {
    /**要启动的第三方应用在控制台系统注册的唯一标识*/
    private String clientId;
    /**
     * 要启动的第三方应用在发布到服务市场时填写的回调地址
     * 该回调地址必须包含在第三方应用的回调地址列表中，该列表由第三方应用管理
```

```
员在控制台系统创建应用时填写
         * */
        private String redirectUrl;
        /**
         * 要启动的第三方应用在发布到服务市场时填写的回调 state
         * state 用来为第三方应用提供一定的校验功能
         * */
        private String state;
        /**
         * 用户的唯一标识
         * 在该场景下，由于用户已经在服务市场登录，且服务市场可以获取用户的唯一
标识
         * 因此在调用接口时，可以直接将用户信息传递到授权系统，用户无须再授权系统
进行登录
         * */
        private String userId;
        /**Getters Setters**/
    }
```

示例 3.18　RPC 获取 code 信息请求

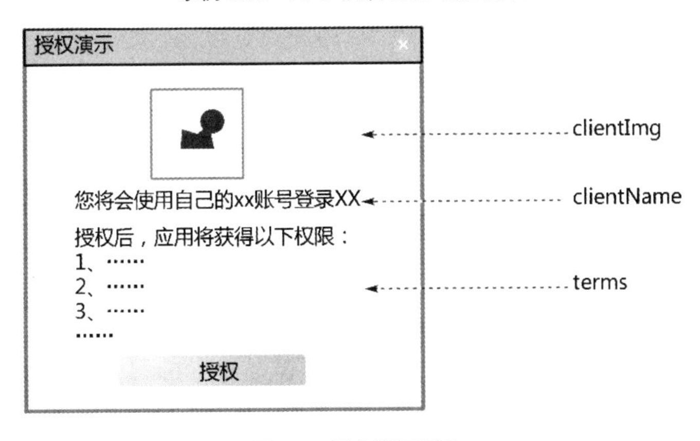

图 3-4　用户授权页面

首先授权系统在收到如示例 3.18 所示的请求，并验证参数值后，会按照 3.1 节中的方式创建 code，将 code 赋值给示例 3.19 后返回。将 code 作为第三方应用换取 access_token 的凭证。

```
    public class AppStartAuthResponse {
        /**唯一的 code，用来获取 access_token*/
        private String code;
        /**回调地址，该值由示例 3.15 传递*/
```

```
    private String redirectUrl;
    /**state，该值由示例 3.15 传递*/
    private String state;
    /**Getters Setters*/
}
```

示例 3.19　RPC 获取 code 信息响应

服务市场在获取示例 3.19 的返回结果后，会创建如示例 3.17 所示的 code 回调地址，回调到第三方应用，以唤起第三方应用。

总结

在第三方应用插件化启动流程中，授权系统通过 RPC 方式提供通用能力，为服务市场提供鉴权和授权服务。在这种场景下的用户授权页面（见图 3-4）完全由服务市场进行定制化开发。在整个授权流程中，用户都不会感知到授权系统。

3.5.2　官方应用场景

官方应用是一种特殊的第三方应用，官方应用与开放平台属于同一家公司。由于用户已将权限授权给开放平台所在的系统，因此官方应用可以在不经过用户授权的情况下，获取用户信息。例如，淘宝在服务市场，以官方的身份发布了一款用户行为分析的应用，向商家提供用户行为分析的能力。这款应用由淘宝或淘宝的子公司开发，可以安全地分享商家在淘宝中的所有信息和权限。

1. 官方应用启动流程

与普通应用相比，官方应用归属于用户信息所在系统的主体，可以合法获取用户的所有信息和权限，唤起官方应用不需要用户进行显式授权，不会出现如图 3-4 所示的用户授权页面。普通应用归属于外部主体，在未得到用户的显式授权时，将用户信息分享到外部主体是违法的，所以需要用户在如图 3-4 所示的用户授权页面中进行显式授权。

官方应用的启动流程如图 3-5 所示。首先，用户在服务市场购买官方应用并唤起官方应用，因此服务市场会创建如示例 3.15 所示的请求进行用户鉴权。然后，授权系统在收到请求后，获取应用信息，并确认该应用为官方应用。接着，授权系统请求认证系统获取用户信息，进行用户授权信息验证，如果不存在有效的认证信息，则根据 3.1 节的流程直接生成 access_token。最后，通过 3.1 节中生成 code 的流程来构建 code，并构造字段如示例 3.16 所示的数据结构。在上述流程中，authorized 一定为 true。

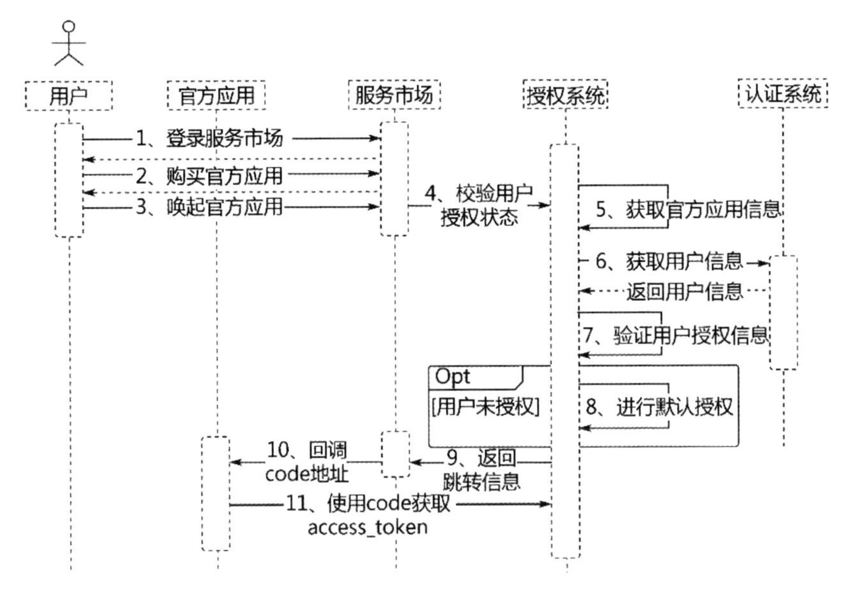

图 3-5　官方应用的启动流程

服务市场在收到示例 3.16 的返回结果后，会创建如示例 3.17 所示的 code 回调地址，并重定向到官方应用。官方应用获得 code 后，按照 3.1 节中获取 access_token 和维护 open_id 的相关流程，完成授权操作。

提示

用户在对官方应用进行授权时，没有进行显式授权，而普通用户需要进行显示授权。

2．第三方应用隐式启动流程

在一些特殊场景下，第三方应用也可以不经过用户显示授权就直接启动。在这种特殊场景下，第三方应用仅获取用户 OpenID。

注意

仅需要获取用户 OpenID 的特殊场景有很多，可以根据具体的业务场景进行识别。这里不再一一列举，仅给出一个具体的特殊场景示例作为参考。在联合登录的场景下，第三方应用的唯一需求是开放平台对用户身份进行验证，并返回一个用户的唯一标识。第三方应用使用返回的唯一标识，将开放平台所在系统用户与自己系统中的用户信息进行对应，从而完成联合登录。

在这种特殊场景下，第三方应用会将 scope 设置为 base_scope，表明第三方应用只需获取用户的 OpenID 即可。由于 OpenID 是脱敏后的用户标识信息，可以任意传递，因此授权系统在收到请求后，直接返回 code。随后第三方应用使用 code 换取授权信息，且所得到的授权信息中只有 OpenID。

服务市场为了支持这种特殊场景，会专门定义一种“外部引导授权”模式。如果第三方应用在发布时选择这种模式，则服务市场在发起授权时，会将 scope 改为 base_scope，从而发起这种特殊授权流程。

在这种特殊场景下，用户在服务市场启动应用后，不需要显示授权便可进入第三方应用。这时第三方应用已经获得了 OpenID，并拥有了用户在第三方应用中的唯一标识，因此可以将开放平台所在系统用户与自己系统用户进行关联。如果想进一步获取用户在开放平台所在系统中的其他权限，则可以使用标准 code 授权模式。

这种特殊场景的授权流程如图 3-6 所示。

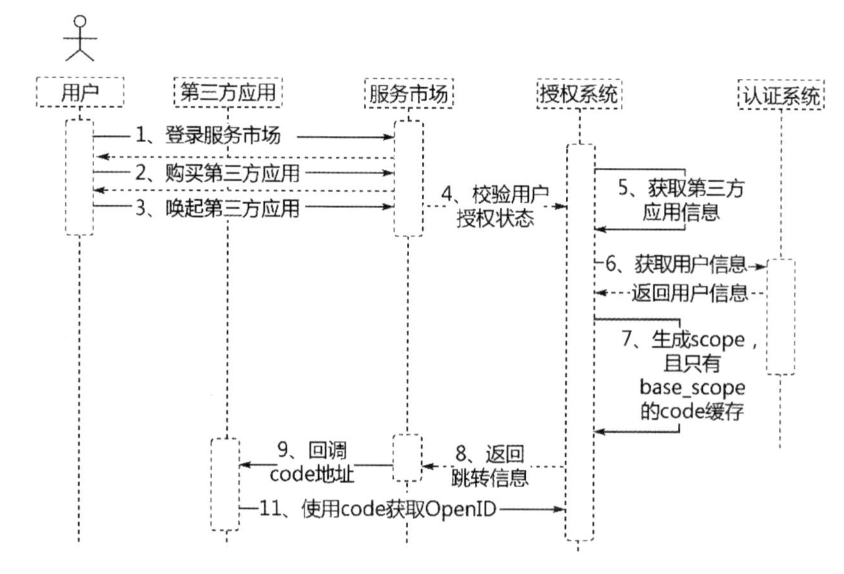

图 3-6 获取 OpenID 的第三方应用启动流程

步骤 1 首先用户登录服务市场并购买第三方应用；然后唤起第三方应用，这时服务市场会创建如示例 3.20 所示的请求，即调用授权系统提供的 RPC 接口，获取 code。

```
public class AppStartBaseInfoRequest {
    /**要启动的第三方应用在控制台系统注册的唯一标识*/
    private String clientId;
```

```
    /**
     * 要启动的第三方应用在发布到服务市场时填写的回调地址
     * 该回调地址必须包含在第三方应用在控制台系统创建应用时填写的回调地址列表中
     * */
    private String redirectUrl;
    /**
     * 要启动的第三方应用在发布到服务市场时填写的回调 state
     * state 用来为第三方应用提供一定的校验功能
     * */
    private String state;
    /**
     * 用户的唯一标识
     * 在该场景下，由于用户已经在服务市场登录，且服务市场可以获取用户的唯一标识
     * 因此在调用接口时，可以直接将用户信息传递到授权系统，用户无须再授权
     * 系统进行登录
     * */
    private String userId;
    /**Getters Setters*/
}
```

示例 3.20 RPC 获取授权码的请求

步骤 2 授权系统收到请求后，首先会生成如示例 3.21 所示的 code 缓存结构，用来支持下一步获取第三方应用的 OpenID；然后创建并返回如示例 3.22 所示的 code 缓存。

```
key:code
value:
{
  "client_id":"7c6bdb6a3f1049b893a4a6294e241110",
  "redirect_url":"https://www.example.com",
  "response_type":"code",
  "scope":"base_scope",
  "state":"my_sate",
  "pin":"fake_pin",
  "shop_id":"fake_shop"
}
```

示例 3.21 code 缓存

```
public class AppStartBaseInfoResponse {
    /**唯一的 code，用来获取 access_token*/
```

```
    private String code;
    /**回调地址，该值由示例 3.15 传递*/
    private String redirectUrl;
    /**state，该值由示例 3.15 传递*/
    private String state;
    /**Getters Setters*/
}
```

示例 3.22 RPC 获取授权码响应

步骤 3 服务市场收到如示例 3.22 所示的结果后，会创建如示例 3.17 所示的 code 回调地址，并回调到第三方应用。

步骤 4 第三方应用收到回调请求后，会通过获取的 code，创建如示例 3.23 所示的请求，以便换取 access_token。

步骤 5 授权系统收到如示例 3.23 所示的请求并完成对请求的各种校验后，获取如示例 3.21 所示的 code 缓存，发现对应的 scope 字段的值为 base_scope，此时授权系统不再按照 3.1 节中生成 access_token 的步骤生成授权信息，而是直接获取用户对应的 OpenID 后返回。OpenID 响应结果如示例 3.24 所示。

```
    https://example.OAuth.com/OAuth 2/access_token?client_id=
##&client_secret=##&code=#& grant_type=authorization_code
```

示例 3.23 使用 code 获取授权信息的请求

```
{
  "open_id":"OPENID",
  "scope":"base_scope",
}
```

示例 3.24 OpenID 响应结果

步骤 6 第三方应用收到如示例 3.24 所示的结果后，就可以将 OpenID 作为当前用户在第三方应用中的登录态。

此时，第三方应用已获取开放平台所在系统用户的 OpenID，如果第三方应用需要进一步获取其他权限，则直接使用标准 code 授权即可。

第三方应用使用这种外部引导授权模式，作为唤起方式后，开放平台所在系统用户无须在服务市场进行显式授权操作，而是将授权操作推迟到第三方应用中（见 3.1 节）。这样做的好处是，第三方应用完全掌控了授权操作的流程，可以个性化处理参数。

外部引导授权模式的具体优势如下。

1）优势一

在发起授权操作时，可以在如示例 3.25 所示的请求中，根据需求指定 redirect_url 和 state 值，将授权流程推迟到第三方应用后，脱离服务市场的束缚。

```
https://example.OAuth.com/OAuth 2/authorize?client_id=
##&response_type=code&redirect_url=##&state=##&scope=##
```

示例 3.25 获取 code 的请求

2）优势二

推迟授权流程到第三方应用，使第三方应用可以通过示例 3.25 中的 scope，精细化控制授权范围。与在 3.5.1 节中进行授权时第三方应用会尝试获取所有能获取的权限相比，该模式解决了在图 3-4 的 terms 中出现大量授权条款，导致开放平台所在系统用户不愿意进行授权的问题。

3）优势三

对于用户体验也有一定的提升。当授权流程推迟到第三方应用后，开放平台所在系统用户在服务市场单击“启动”按钮后，会直接进行第三方应用，中间没有任何的授权弹窗，后续所有的授权操作都由第三方应用发起，更符合用户的使用习惯。

第 4 章

OpenID 从理论到实战

在授权码授权模式的授权流程中，当用户完成授权后，第三方应用会获取到用户的授权信息，其中包含 open_id 字段。open_id 是用户在第三方应用中的唯一标识，是一个十分重要的字段。本章将详细讨论 OpenID 的相关内容。

4.1 OpenID 概述

4.1.1 OpenID 定义

OpenID 官网中 OpenID 的定义为：OpenID 是一个以用户为中心的数字身份识别框架，具有开放、分散、自由等特点。

OpenID 的核心理念为：OpenID 可以通过 URI（Uniform Resource Identifier）认证一个网站的唯一身份，也可以通过这种方式作为用户的身份认证。由于 URI 是整个网络世界的核心，因此 OpenID 为基于 URI 的用户身份认证提供了广泛的、坚实的基础。

OpenID 系统支持通过 URI 认证用户身份。目前的网站依靠用户名和密码登录认证，这就意味着用户在每个网站都需要注册用户名和密码。如果使用 OpenID，那么网站地址（URI）就是用户名，而密码安全地存储在一个 OpenID 服务网站上，用户登录时只需输入自己的 URI，不需要输入密码。

使用 OpenID 的用户，可以自己建立一个 OpenID 服务网站，也可以选择一个可信任的 OpenID 服务网站完成注册。

登录一个支持 OpenID 的网站非常简单（即便是第一次访问这个网站也一样）。在输入注册好的 OpenID 用户名后，登录的网站会跳转到 OpenID 服务网站。在 OpenID 服务网站输入密码（或者其他需要填写的信息），认证通过后，会跳转到登录的网站，只需登录的网站识别登录信息后，即可登录成功。

OpenID 系统可以应用于所有需要身份认证的地方，既可以应用于单点登录系统，也可以用于共享敏感数据时的身份认证。

总结

OpenID 是基于 OAuth 建立的用户认证体系。它的目标是定义一种标准，OpenID 提供者和 OpenID 使用者都按照标准进行系统实现，以便可以完成基于 OpenID 的认证登录操作。

有了实现 OpenID 标准的 OpenID 提供者和 OpenID 使用者后，用户可以将自己的用户信息托管到某个 OpenID 提供者那里来获取自己的 URL，并使用自己的 URL 在任意的 OpenID 使用者那里进行认证登录。

OpenID 作为一套协议，拥有详细的协议定义，这些内容不在本书的讨论范围内，感兴趣的读者可以参考最新的 OpenID2 详细了解。

4.1.2 OpenID 使用流程

本小节通过一个具体的 OpenID 使用场景来讲述 OpenID 的使用流程。

现有一个支持 OpenID 的 X 网站（OpenID 使用者），网址为 example.com。该网站为了方便用户登录，在页面中插入了登录表单。传统的登录表单会提示用户输入用户名和密码，而支持 OpenID 的网站表单中，只有 OpenID 标识输入框，用户在该输入框中输入 OpenID 标识来完成登录认证。

用户 Alice 在 Y 网站（OpenID 提供者），网址为 openid-provider.org，注册了一个 OpenID 标识，即 alice.openid-provider.org。Alice 可以使用该 OpenID 标识，登录任意与 Y 网站完成对接的 OpenID 使用者系统。

如果 X 网站已经完成了与 Y 网站的对接，那么 Alice 想使用这个标识登录 X 网站，只需在 X 网站的 OpenID 登录表单中填入自己的 OpenID 标识，并单击"登录"按钮即可。

因为标识是一个 URL，所以 X 网站首先会将这个标识转换为典型格式，即 https://alice.openid-provider.org/；然后将用户的浏览器重定向到 Y 网站。在这个例子中，Alice 的浏览器被重定向到 openid-provider.org，该网址是 Y 网站的认证页面，且 Alice 将在该页面中完成认证操作。

Y 网站验证用户信息的方法多种多样，通常会要求认证用户提供密码（后续使用 cookies 存储认证上下文，这是大多数基于密码验证的网站的做法）。

在这个例子中，如果 Alice 当前没有登录到 openid-provider.org，则 Alice 可能被提示需要输入密码进行验证。当 Alice 的身份在 Y 网站认证通过后，Y 网站会询问 Alice 是否信任 X 网站所提供的页面，如 https://example.com/openid-return.php。如果 Alice 给出肯定回答，则 OpenID 验证被认为是成功的，可以将浏览器重定向到 X 网站所提供的页面；如果 Alice 给出否定回答，则可以将浏览器重定向到 X 网站所提供的页面，不同的是，这时 X 网站会被告知它的请求被拒绝，所以 X 网站也会拒绝 Alice 的登录。https://example.com/openid-return.php 页面是由 X 网站指定的、用户认证完成后所要返回的页面。X 网站会通过该页面接收用户的身份信息。

X 网站在收到用户的身份信息后，需要确定收到的信息确实来自 Y 网站。

其中一种验证方式是，首先 X 网站和 Y 网站之间提前建立一个"共享秘密"，然后 X 网站通过该"共享秘密"验证从 Y 网站收到的信息。因为作为验证双方的 X 网站和 Y 网站都需要存储"共享秘密"，所以这种验证方式是"有状态"的。

这里对“共享秘密”进行说明，所谓的“共享秘密”，就是两者直接约定的一种密码体系，其中最简单的一种实现方式就是非对称密钥对。在使用“共享秘密”验证用户信息时，Y 网站在回调用户信息时，会使用“共享秘密”对用户信息进行加密，X 网站收到用户信息时会使用“共享秘密”对用户信息进行解密，如果解密成功，则验证通过。

另外一种验证方式是，X 网站收到用户信息后，向 Y 网站发起一次验证请求来保证收到的数据是正确的。这种验证方式是“无状态”的。

Alice 的标识被 X 网站验证后，Alice 便以 alice.openid-provider.org 的身份登录 X 网站。接着，X 网站可以保存这次会话，如果这是 Alice 第一次登录 X 网站，则提示 Alice 输入一些 X 网站所需要的信息，以便完成注册。

总结

（1）用户首先在 X 网站使用 OpenID 标识进行登录，然后 X 网站根据约定解析出 OpenID 提供者的地址（Y 网站）。

（2）X 网站将请求重定向到 Y 网站，Y 网站会让用户输入用户名和密码进行身份验证，验证通过后，Y 网站会回调到 X 网站指定的回调地址 https://example.com/openid-return.php 中。

（3）X 网站通过回调获取 Alice 的用户信息，在进行验证后，完成登录。

特点

（1）去中心化的网上身份认证系统。任何用户注册过的网站，只要提供了 OpenID 对接能力，就可以作为用户的 OpenID 提供者，所以是去中心化的。但这种去中心化的前提是，OpenID 使用者与相应的 OpenID 提供者已经对接完成。在实际使用中，OpenID 使用者需要对接很多 OpenID 提供者。

（2）用户不需要记住自己在 OpenID 使用者中的用户名和密码，但要记住自己在 OpenID 提供者系统中的用户名和密码。

（3）OpenID 使用者和 OpenID 提供者，两者要完成对接。OpenID 使用者要对接 OpenID 提供者的回调，保存用户的授权信息。OpenID 提供者要验证 OpenID 使用者，这是因为不是任意的回调地址都可以进行请求。

4.1.3 OpenID 与 OAuth 2

在 OAuth 2 的授权流程中，最终的授权结果为 access_token，通过 access_token 可以获取数据并使用开放平台所提供的功能。access_token 的特点是随时可能发生变化，因此无法用来唯一标识一个用户。所以，OpenID 在 OAuth 2 的基础上构建了一套用户信息认证协议。在通常情况下，我们可以独立使用 OAuth 2 协议，也可以独立使用 OpenID 协议，但在开放平台中，一般使用的是二者的结合体。

我们在 3.1 节中介绍了第三方应用使用授权码授权模式进行授权的一套完整的授权流程，将该流程与 OpenID 的使用流程进行比较，会得到如示例 4.1 所示的结果。

对比项	OpenID 定义流程	授权码授权模式流程
角色	定义了 OpenID 提供者和 OpenID 使用者	第三方应用充当 OpenID 使用者，开放平台充当 OpenID 提供者
流程	用户会输入自己的 URL（alice.openid-provider.org）进行 OpenID 登录。OpenID 使用者会重定向到 OpenID 提供者，使用户进行身份认证，并在身份认证通过后，OpenID 提供者会回调到 OpenID 使用者，并返回用户的凭证	第三方应用引导用户前往自己已经支持的开放方平台进行授权。在重定向到授权系统后，用户需要进行身份校验，并在校验通过后，将 code 码通过回调的方式传递到第三方应用，这个 code 码就是用户的临时凭证
用户信息校验	会校验返回用户信息的有效性（stateless 场景）	第三方应用在使用 code 码换取 access_token 时，会获取用户的真实凭证（open_id）

示例 4.1 OpenID 与授权码授权模式的比较

通过示例 4.1 的比较结果可以看到，在第 3 章中所介绍的 OAuth 2，严格来讲并不是标准的 OAuth 2 实现，而是一种 OpenID 与 OAuth 2 的结合体。

之所以要将 OAuth 2 与 OpenID 进行结合，是因为在开放平台场景下，第三方应用需要对当前进入系统的用户进行唯一标识，而 access_token 在很多授权模式下都会发生改变，无法作为用户在第三方应用的唯一标识。

OpenID 作为用户在第三方应用中的唯一标识，需要具备以下特性。

（1）同一用户的 OpenID 在第三方应用中是唯一的，只有这样才能使第三方应用根据此标识在自己的系统中确定唯一的用户。

（2）授权系统需要维护开放平台所在系统 UserID 与 OpenID 之间的对应关系，用来支持第三方应用和开放平台之间进行用户匹配。

（3）为了保障用户的信息安全，同一用户在不同第三方应用中的 OpenID 必须是不同的。如果用户的信息对应唯一的 OpenID，则所有的第三方应用都会获取相同的 OpenID，当第三方应用在私下通过 OpenID 分享各自的用户信息时，会泄露用户信息。

为了使同一个用户在不同的第三方应用中对应不同的 OpenID，授权系统需要维护开放平台所在系统用户的真实 ID 与 OpenID 的对应关系。而这项责任会给授权系统带来数据维护上的挑战。可以想象，一个用户在开放平台所在系统中的 ID，需要与该用户所使用的所有第三方应用都保持唯一对应关系，在最坏的情况下，所维护的对应关系数量等于用户总数量与第三方应用总数量的乘积。

由此可见，OpenID 的生成和 OpenID 与 UserID 对应关系维护是 OpenID 设计的核心内容。本章后续内容将对一些常见的 OpenID 的生成方案进行介绍，包括基于自增 ID 的 OpenID 方案、基于 Hash 算法的 OpenID 方案、基于对称加密算法的 OpenID 方案、基于严格单调函数的 OpenID 方案和基于向量加法的 OpenID 方案。在介绍相关内容时，会伴随着对各种方案的优劣性的探讨。最后，这几种方案之间并不存在绝对的优劣，只是在特定的场景下使用特定的方案而已。

在开始相关讨论之前，先在这里明确几个核心概念。

- UserID：用户在开放平台所在系统中的唯一标识。
- OpenID：授权系统为用户在第三方应用中生成的唯一标识。
- ClientID：第三方应用在开放平台中的唯一标识。

本章后续相关内容均会围绕 UserID、OpenID 和 ClientID 之间的关系维护与相互转换进行展开。

4.2　基于自增 ID 的 OpenID 方案

4.2.1　概述

自增 ID 是日常软件系统中非常常见的一种 ID 设计方式。自增 ID 设计思想很简单，就是将一个不断递增的数字作为用户的唯一标识。在单机模式下，最为人熟知的是基于 MySQL 的自增 ID；在分布式环境下，也有 Twitter 的雪花（snowflake）算法的自增 ID。

基于以上两种自增 ID 的实现，有两种 OpenID 方案，我们将在后面小节中进行详细讨论。

在基于自增 ID 的实现方案中，授权系统需要维护 OpenID、UserID 和 ClientID 之间的对应关系。通过该对应关系，我们可以通过 UserID 和 ClientID 唯一推导出 OpenID，反之，可以通过 OpenID 和 ClientID 唯一推导出 UserID。

4.2.2 基于单机模式下自增 ID 的实现方案

下面介绍基于单机模式下自增 ID 的实现方案。单机模式自增 ID 实现的 OpenID 数据结构如示例 4.2 所示。

主键 ID	OpenID	UserID	ClientID
…	1	1	2d3265e7-3dec-4f53-98f8-7f1fd9af5659
…	1	1	26c71858-babe-47dd-899a-6a8008993380
…	2	2	2d3265e7-3dec-4f53-98f8-7f1fd9af5659
…	…	…	…
…	3	8	2d3265e7-3dec-4f53-98f8-7f1fd9af5659

示例 4.2　单机模式自增 ID 实现的 OpenID 数据结构

在这种模式下，要在每个 ClientID 维度建立一个自增 ID 生成器，分别为第三方应用生成递增 OpenID。较为常见的方式是，使用 Redis 提供的原子自增功能，主要使用了 Redis 提供的“incr”命令，该命令将对应的 key 值增加 1。如果 key 不存在，则先将 key 值初始化为 0，再执行自增操作。Redis 自增命令演示如示例 4.3 所示。

```
127.0.0.1:6379> set num 10
OK
127.0.0.1:6379> incr num
(integer) 11
127.0.0.1:6379> get num  # num 值在 Redis 中以字符串的形式保存
"11"
```

示例 4.3　Redis 自增命令演示

为了能提高效率，减少与 Redis 的网络 I/O 次数，系统可以使用“incrby”命令代替“incr”命令。每个分布式节点使用“incrby”命令，生成一定数量的 ID 缓存在本地缓存中，在收到生成 ID 请求时，优先从本地缓存中获取 ID。如果本地缓存的 ID 已经全部被使用，则使用“incrby”命令再获取一批。

这样做能提高效率并节约网络 I/O，但也会产生一定副作用。比如，分布式节点使用“incrby”命令获取了一批 ID，并缓存在了本地，但是在还没有使用时，因为某些原因发生了重启，从而导致保存在内存中的缓存 ID 全部丢失，白白浪费掉一批 ID。

另外，这种方案所生成的 ID 可能不连续，如有 2 个节点，每个节点申请了 5 个 ID 的本地缓存。其中，节点一中 ID 缓存列表为 0、1、2、3、4，节点二中 ID 缓存列表为 5、6、7、8、9。基于轮训的负载均衡算法，那么生成的 ID 的顺序为 0、5、1、6、2、7、3、8、4、9。

有了自增 ID 生成器，每次将 UserID 转换为 OpenID 时，首先根据 UserID 和 ClientID 查询是否存在对应的 OpenID，如果不存在，则调用自增 ID 生成器，获取一个新的 OpenID，作为 UserID 在 ClientID 对应的第三方应用中的唯一标识；然后将新生成的对应关系保存在示例 4.2 的数据表中。该过程中需要考虑分布式互斥，可以使用 UserID+ClientID 作为分布式互斥变量。

在示例 4.2 中"主键 ID"以省略号的形式出现，主要是因为这里不对底层数据结构进行具体讨论，不同的底层表结构，会对应不同的主键 ID 策略。例如，如果是单表，则"主键 ID"可以为自增 ID；如果是分库分表，则可以使用雪花算法。

4.2.3　基于雪花算法的 OpenID 生成方案

下面介绍基于雪花算法的 OpenID 生成方案。雪花算法实现的 OpenID 数据结构如示例 4.4 所示。

OpenID（主键 ID）	UserID	ClientID
雪花算法 ID	1	2d3265e7-3dec-4f53-98f8-7f1fd9af5659
雪花算法 ID	1	26c71858-babe-47dd-899a-6a8008993380
雪花算法 ID	2	2d3265e7-3dec-4f53-98f8-7f1fd9af5659
…	…	…
雪花算法 ID	8	2d3265e7-3dec-4f53-98f8-7f1fd9af5659

示例 4.4　雪花算法实现的 OpenID 数据结构

在示例 4.4 中直接使用雪花算法生成 OpenID，因为雪花算法生成的 ID 能保证全局唯一，且全局递增，所以在示例 4.4 中直接使用雪花算法作为主键是万无一失的。

整个流程与基于单机模式下自增 ID 的实现方案类似。在将 UserID 转换为 OpenID 时，可以根据 UserID 和 ClientID 查询是否存在对应的 OpenID，如果不存在，则使用雪花算法生成一个新的 OpenID 作为 UserID 在 ClientID 对应第三方应用中的唯一标识，并将新生成的对应关系保存在示例 4.4 的数据表中。该过程同样需要考虑分布式互斥。

下面对雪花算法进行简单介绍，如果对详细原理及对应的变种算法感兴趣，则读者可自行学习。雪花算法由 64bit 组成，刚好对应 Java 中的 long 类型。其结构如图 4-1 所示。

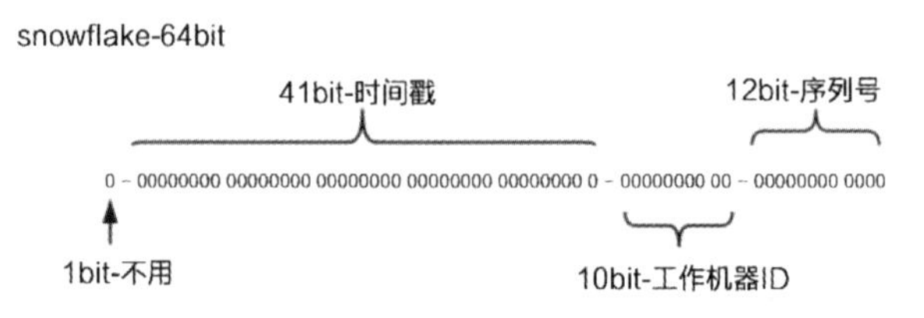

图 4-1　雪花算法 bit 结构

图 4-1 中各 bit 含义如下。

- 1bit-不用：该 bit 未被使用，固定为 0，因为二进制形式中最高位是符号位，1 表示负数，0 表示正数。生成的 ID 一般都是正数，所以最高位固定为 0。
- 41bit-时间戳：记录毫秒级别的时间戳，可以表示 2^{41} 个数字。如果只用来表示非负整数，则可以表示的数值范围为 0～ $2^{41}-1$，减 1 是因为可表示的数值范围是从 0 开始计算的，而不是 1。将单位转换为年，能表示的时间范围为 69 年，即 $(2^{41}-1)/(1000\times60\times60\times24\times365)=69$。
- 10bit-工作机器 ID：记录工作机器 ID。也就是说，在雪花算法框架中最多有 2^{10}，即 1024 个节点。在实际应用中，会将这 10 位分割成高 5 位的 datacenterId 和低 5 位的 workerId。
- 12bit-序列号：序列号，用来记录同毫秒内产生的不同 ID。12bit 可以表示的最大正整数是 $2^{12}-1=4095$，即可以用 0、1、2、3…4094 这 4095 个数字，表示同一机器同一时间戳（毫秒）内最多产生 4095 个 ID 序号。

最终，在 Java 中基于雪花算法会生成一个 long 类型的正数作为分布式系统中的唯一 ID。

4.2.4　基于自增 ID 的 OpenID 生成方案总结

至此，两种基于自增 ID 的 OpenID 生成方案就全部介绍完了。因为基于自增 ID 的 OpenID 生成方案在整体上思想比较朴素，所以生成的 OpenID 也比较简单，使用一个 long 类型的正数就能表示。

但是，基于自增 ID 的 OpenID 生成方案也存在巨大的缺陷。

首先，在“基于单机模式下自增 ID 的实现方案”中，需要额外的 ClientID 维度的 OpenID 生成器；在“基于雪花算法的 OpenID 生成方案”中，需要整个系统接入雪花算法框架，仅在维护每个服务节点对应的 ID（datacenterId 和 workerId）上，就需要付出很多的成本，如果维护不当，则会造成生成的 ID 重复等问题。

其次，以上两种方案都需要维护 UserID 与第三方应用中 OpenID 的对应关系，按最坏情况进行估算，需要维护的关系数据条数为 UserID×ClientID，随着系统用户和接入的第三方应用数量的增多，要维护的数据将会激增，对底层的数据库存储形成了压力。但是根据八二原则，很多普通第三方应用中，只会有 20%的 OpenID 处于活跃状态，所以可以使用缓存热数据的方式保障读业务的高效性。不过，后期巨大的存储压力依然是该类型方案的硬伤。

4.3 基于 Hash 算法的 OpenID 方案

4.3.1 概述

在 4.2 节基于自增 ID 的 OpenID 方案中，主要存在以下两个问题。

一是为了能生成从 UserID 和 ClientID 到 OpenID 的映射，需要进行额外的系统设计。

二是需要保存映射关系，并且在获取 UserID 和 ClientID 所对应的 OpenID 时，需要发起一次查询操作才能完成。

本节介绍的是基于 Hash 算法的 OpenID 方案。该方案通过消耗计算资源的方式来避免上面的两个问题。

4.3.2 Hash 算法简介

Hash 一般翻译为散列，也可直接音译为哈希，其功能是把任意长度的输入，通过 Hash 算法，变换成固定长度的输出，该输出就是散列值。这种转换是一种压缩映射，即散列值的空间通常远小于输入的空间，不同的输入可能会散列成相同的输出，并且不可能从散列值推导出输入值。

Hash 算法的本质是一种单向密码体制，是一个从明文到密文的不可逆的映射，只有加密过程，没有解密过程。同时，散列函数可以将任意长度的输入加工成固定长度的输出。

Hash 算法最重要的用途在于给证书、文档、密码等高安全系数的内容进行加密保护（生成指纹）。这方面的用途主要是得益于 Hash 算法的不可逆性。

所谓不可逆性是指无法从指纹反推出原文，也不可能伪造另一个文本，使该文本和原文指纹相同。

Hash 算法的这种不可逆性维持着很多安全框架的运营。

一个优秀的 Hash 算法具备以下特点。

- 正向快速：给定明文和 Hash 算法，在有限时间和有限资源内能计算出 Hash 值。
- 逆向困难：给定（若干）Hash 值，在有限时间内很难（基本不可能）逆推出明文。
- 输入敏感：原始输入信息的轻微变动，都会导致产生的 Hash 值大不相同。
- 冲突避免：很难找到两段内容不同的明文，使得它们的 Hash 值一致（发生冲突）。对于任意两个不同的数据块，其 Hash 值相同的可能性极小；对于一个给定的数据块，找到和其 Hash 值相同的数据块极为困难。

现存的 Hash 算法有以下几种。

- MD4（RFC 1320）是 MIT 的 Ronald L. Rivest 于 1990 年设计的，其中 MD 是 Message Digest 的缩写。其输出长度为 128bit，并且已证明 MD4 不够安全。
- MD5（RFC 1321）是 Ronald L. Rivest 于 1991 年对 MD4 的改进版本。它对输入仍以 512bit 进行分组，其输出长度为 128bit。MD5 比 MD4 复杂，并且计算速度要慢一点，更安全一些。MD5 已被证明不具备“强抗碰撞性”。
- SHA（Secure Hash Algorithm）是一个 Hash 函数族，由 NIST（National Institute of Standards and Technology）于 1993 年发布的第一个算法。目前知名的 SHA-1 于 1995 年面世，其输出是长度为 160bit 的 Hash 值，因此抗穷举性更好。SHA-1 设计是基于和 MD4 相同的原理，并且模仿了该算法。SHA-1 已被证明不具备“强抗碰撞性”。
- 为了提高安全性，NIST 还设计出了 SHA-224、SHA-256、SHA-384 和 SHA-512 算法（统称为 SHA-2），与 SHA-1 算法的原理类似。SHA-3 相关算法也已被提出。

以上简单介绍了 Hash 的定义及现存的 Hash 算法，从中可以看到目前最为可靠的为 SHA-2 家族的 Hash 算法。这类 Hash 算法虽然需要消耗更多计算资源，但是更加安全可靠，所以实际工作中选用了 SHA-256 作为 Hash 算法。

4.3.3 使用 Hash 函数计算 OpenID

1. 使用 Hash 函数计算 byte 值

利用 Hash 算法的特性，将 ClientID 和 UserID 作为 Hash 算法的输入，将输出作为 OpenID。代码如示例 4.5 所示，其中 salt 应为固定的随机值，用于增加一定的混淆；DigestUtils 是一个封装工具类，封装了各种加密算法。

```
public class OpenIDDemo {
    public static byte[] getOpenId(String userId, String clientId) {
        //这是一个混淆值，在实际中应该是一个固定的随机值
        String salt = "salt";
        String plainText = userId + "$$" + salt + "$$" + clientId;
        byte[] data = DigestUtils.sha256(plainText);
        return data;
    }
}
```

示例 4.5　使用 Hash 算法生成 OpenID 示例

通过示例 4.5，我们可以利用 SHA-256 算法将 UserID 和 ClientID 映射到 OpenID 中。基于 Hash 算法不可逆的特性，可以放心地将生成的 OpenID 传递到系统外部使用。

同时，基于 Hash 算法不同的输入极难得到相同输出的特性，基本上可以保证不同的 UserID 和 ClientID，经过 Hash 算法处理后会得到不同的 OpenID。

注：SHA-256 算法的冲突避免能力很强，感兴趣的读者可自行研究。

2. 编码与 Base64

示例 4.5 的结果为 byte[]数组，不利于使用文本方式传递，所以需要对结果进行文本化处理。常见的方式有转换为十六进制数列表和使用 Base64 编码两种。

十六进制数会将 4bit 转换为一个字符，而 Base64 编码能将 6bit 转换为一个字符，所以为了有效控制 OpenID 的长度，在实际工作中选用了 Base64 编码。

下面对 Base64 编码进行简单介绍。

传统的邮件只支持可见字符的传输，像 ASCII 码的控制字符就不能通过邮件传输。另外，图片二进制流的每个字节不可能全部都是可见字符，所以也无法使用文本进行传输。

那么，如何解决该问题呢？

注：ASCII 码包含了 128 个字符。其中，前 32 个为 0～31，即 0x00～0x1F，都是不可见字符。这些字符就是控制字符。

最好的方法就是在不改变传统协议的情况下，实现一种扩展方案。该方案将无法用文本表示的二进制编码转换为可见文本进行传输，从而解决相关问题，而 Base64

编码就是一种落地的扩展方案。

Base64 是一种编码方式，这个术语最初是在“MIME 内容传输编码规范”中提出的。Base64 不是一种加密算法，实际上是一种“二进制转换到文本”的编码方式，能将任意二进制数据转换为 ASCII 字符串的形式，以便在只支持文本的环境中也能顺利传输二进制数据。

Base64 编码首先建立了如图 4-2 所示的 Base64 编码表，将数字 0～63 分别映射到 64 个不同的字符中。

由于 64 个不同的字符，最多对应于 64 种不同的二进制编码，而 6bit 恰好有 64 种不同的二进制编码，因此 Base64 编码的每个字符表示一个 6bit 长度的二进制数。

在实际工作中，所有的二进制数都以 Byte（8bit）为单位，所以要编码的二进制数的 bit 长度都是 8 的倍数；而 Base64 编码以 6bit 为单位，所以 Base64 能编码的二进制数的 bit 长度都要求为 6 的倍数。这就涉及补齐操作，即把 8 的倍数补齐到 6 的倍数。

在如图 4-3 所示的 Base64 编码示例中展示了一种完美情况。这时输入有 3Byte，正好转换为 4 个 Base64 编码字符。

Value	Char	Value	Char	Value	Char	Value	Char
0	A	16	Q	32	g	48	w
1	B	17	R	33	h	49	x
2	C	18	S	34	i	50	y
3	D	19	T	35	j	51	z
4	E	20	U	36	k	52	0
5	F	21	V	37	l	53	1
6	G	22	W	38	m	54	2
7	H	23	X	39	n	55	3
8	I	24	Y	40	o	56	4
9	J	25	Z	41	p	57	5
10	K	26	a	42	q	58	6
11	L	27	b	43	r	59	7
12	M	28	c	44	s	60	8
13	N	29	d	45	t	61	9
14	O	30	e	46	u	62	+
15	P	31	f	47	v	63	/

图 4-2　Base64 编码表

二进制位	0	1	0	0	1	1	0	1	0	1	1	0	0	0	0	1	0	1	1	0	1	1	1	0
索引	19						22						5						46					
Base64编码	T						W						F						u					

图 4-3　Base64 编码示例

在其他不完美的情况下，需要将 8 的倍数的 bit 后面补 0，一直补到 bit 的长度是 6 的倍数为止。综上所述，从 8 的倍数的 bit 补 0 到 6 的倍数的 bit，只存在补“00”和“0000”两种情况。图 4-4 和图 4-5 所示为 Base64 补位示例，分别展示了补“00”和补“0000”的最简情况。

二进制位	010000	100100	0011	
二进制位（补0）	010000	100100	001100	
Base64编码	Q	k	M	=

图 4-4　Base64 补位示例 1

二进制位	010000	01		
二进制位（补0）	010000	010000		
Base64编码	Q	Q	=	=

图 4-5　Base64 补位示例 2

通过补“00”或“0000”最终都能符合 Base64 的编码要求，在标准的 Base64 编码中又约定编码字符长度为 4 的倍数（契合图 4-3 中的完美模式）。因此，在补“00”时，添加一个“=”补齐（见图 4-4）；在补“0000”时，添加两个“=”补齐（见图 4-5）。

但是，“=”在实际的解码过程中是没有任何作用的，之所以用“=”，可能是考虑到多段编码后的 Base64 字符串拼起来也不会引起混淆。

以上便是标准的 Base64 编码过程（解码过程就是逆过程，此处省略），但是在实际应用中，由于开放平台是基于 HTTP 协议的 Web 应用，OpenID 可能会出现在 URL 中，为了解决在这种情况下 OpenID 导致的乱码问题，一般会使用 URL 安全（URL Safe）的 Base64 编码。

在标准的 Base64 编码中会出现字符“+”、“/”和“=”，其中“+”和“/”作为编码字符出现在编码表中，“=”作为填充字符。而这 3 个字符是 URL 不安全的，即出现在 URL 中时需要进行转义。所以 URL 安全的 Base64 编码直接用“-”代替“+”，用“_”代替“/”，并且不进行“=”补齐。这样得到的 Base64 编码就可以安全地出现在 URL 上。

有了 URL 安全的 Base64 编码后，就可以将示例 4.5 所生成的二进制数组转换为文本形式的 OpenID 了。相关代码如示例 4.6 所示，代码中所使用的 Base64 工具类是“org.apache.commons.codec.binary.Base64”，感兴趣的读者可以下载相关源代码进行研究。

```
public class EncodeDemo {
    public static String encode(byte[] openId) {
        return Base64.encodeBase64URLSafeString(openId);
    }
}
```

示例 4.6　Base64 编码函数

设 UserID=faker，ClientID= b9e18926-36c6-462e-9017-0fb9d3b99d95，salt=salt，那么生成的 OpenID= 0GR9cPQwDpkt8n-7cRCygucvY3w5AMR0VJvG8m4fwmg。生成的 OpenID 的长度由于不再使用“=”补位，因此其长度也是不固定的。

有了示例 4.6 的 OpenID 生成方法后，在根据 ClientID 和 UserID 生成 OpenID 时，

不需要访问 ID 生成器或者查询数据库，直接使用示例 4.6 进行计算即可。在整个 OpenID 生成过程中，没有任何网络 I/O。

3．通过 OpenID 获取 UserID

在通过 OpenID 获取对应 UserID 时，由于 Hash 算法具有不可逆特性，无法直接从 OpenID 和 ClientID 中推出 UserID，因此需要保存 OpenID 和 ClientID 到 UserID 的映射关系。但考虑到 OpenID 的唯一性，只需保存从 OpenID 到 UserID 的映射关系即可。

考虑到数据存储量、查询方式及 OpenID 为 Hash 值这 3 个特性，将 Hbase 作为保存 OpenID 到 UserID 映射关系的底层数据库。

下面对 Hbase 进行简单介绍。

Hbase 是基于 HDFS 构建的一套列式数据库（可以把 Hbase 比作 MySQL 数据库，把 HDFS 比作 Linux 文件系统）。Hbase 在 HDFS 上提供了高并发的随机写和实时查询能力。同时，由于 Hbase 是基于 HDFS 构建的，因此能以很低的成本支持海量数据存储。最后，Hbase 在创建表时，只需指定到列族，不需要指定具体创建多少列，以及这些列的信息，所以在存储数据时 Hbase 拥有很大的灵活性。

Hbase 通过“RowKey（行键）+列族+列名+时间戳（版本）”确定唯一一个字段，而默认的数据检索能力主要集中在 RowKey 上，所以 RowKey 的设计是 Hbase 表设计的重要一环。

RowKey 的设计通常可以分为两种，即随机查询 RowKey 和范围查询 RowKey。

随机查询 RowKey 的使用场景一般是通过 RowKey 精确定位到一条数据，不会进行 scan 之类的范围查询操作。这类 RowKey 一般会要求 RowKey 能均匀分布到不同数据节点上，从而有效应用每一个数据节点的存储和运算能力，避免因为数据倾斜而造成数据热点。一般的做法是将设计好的 RowKey，经过 Hash 算法得到的字符形式作为 RowKey。

范围查询 RowKey 的使用场景是专门用来支持 scan 这类的范围查询操作。这类 RowKey 一般希望能将相邻数据存储在一起，并且在设计 RowKey 时，要充分利用 Hbase 对 RowKey 的前缀检索能力。

在 OpenID 场景中，主要目标是通过 OpenID 精确定位到对应的 UserID，并且 OpenID 本身就是经过 Hash 算法后的字符形式，所以符合随机查询 RowKey 的使用场景。针对该场景，本书设计了如示例 4.7 所示的表结构以满足业务需求。

在设计时，设计了 info_1 和 info_2 两个列族。

行键	info_1（列族）			info_2（列族）			时间戳
	client_id	user_id	…	client_id	user_id	…	
open_id_1	client_id_1	user_id_1	…	…	…	…	T
open_id_2	client_id_1	user_id_2	…	…	…	…	T
open_id_3	client_id_2	user_id_1	…	…	…	…	T

示例 4.7　Hbase 中的 OpenID 与 UserID 的映射关系

其中，info_2 列族的作用是在 Hash 因冲突而导致 OpenID 重复的情况下，依然能通过 OpenID 和 ClientID，找到对应的 UserID。

因为，虽然 SHA-256 算法产生的结果，不同于输入只存在理论上重复的可能性，但是为了保障业务万无一失，需要设计 info_2 列族存储重复的用户信息，这种思想类似于基于列表的方式处理 Hash 冲突。

经验

在编者亲历的亿级用户系统中，虽然为了防止 Hash 冲突，而设计了 info_2 列族，但是该字段从未被使用过。

有了示例 4.7 的数据结构后，在插入 OpenID 时，需要使用 Hbase 提供的原子性操作（checkAndPut 命令）。

首先尝试插入 info_1 列族中，如果插入失败，则查询 info_1 列族中的值，将查询到的值和要插入的值分别与 client_id 和 user_id 进行对比。

如果对比一致，则说明有其他线程写入了相同的 OpenID 信息，不需要重复写入了，直接放弃插入操作。

如果对比不一致，则说明 info_1 列族被其他 OpenID 所占用，尝试将数据插入 info_2 列族。如果插入 info_2 列族失败，则查询 info_2 列族中的值，将查询到的值和要插入的值分别与 client_id 和 user_id 进行对比。

同样地，如果对比一致，则说明有其他线程写入了相同的 OpenID 信息，不需要重复写入了，直接放弃插入操作。

如果不一致，则说明已经没有位置再插入 OpenID 了，直接报错（这种情况基本不会发生）。

当需要通过 OpenID 查询对应的 UserID 时，优先查询 info_1 列族中的信息，核对 ClientID 是否一致，如果不一致，则尝试查询 info_2 列族中的信息，再核对 ClientID 是否一致，如果还不一致，则报错。

4.3.4 基于 Hash 算法的 OpenID 方案总结

基于 Hash 算法的 OpenID 方案直接通过计算，就能从 UserID 和 ClientID 转换为 OpenID，整个过程不依赖于任何的外部系统。但是从 OpenID 和 ClientID 转换为 UserID，仍然需要持久化的对应关系支持，所以仍然需要保存对应关系。但是与 4.2 节的基于自增 ID 的 OpenID 方案相比，基于 Hash 算法的 OpenID 方案只需保存从 OpenID 到 UserID 的单向对应关系即可。

由于查询过程中只需使用 OpenID 作为 Key，没有复杂的查询条件和关联关系，因此可以使用像 Hbase 这种专门为存储海量数据设计的 NoSQL 数据库来替代 MySQL 这种关系型数据库，从而在根本上缓解因数据量增长，而给存储系统带来的存储压力和访问压力。

4.4 基于对称加密算法的 OpenID 方案

4.4.1 概述

在 4.2 节和 4.3 节的 OpenID 方案中，或多或少都需要持久化存储 OpenID、ClientID 和 UserID 之间的对应关系。随着第三方应用的用户活跃度增加，以及开放平台的系统用户量增加，维持 OpenID、ClientID 和 UserID 之间的对应关系所使用的存储空间压力和性能压力都会随之增加。

而一般的 Web 服务和 CPU 利用率都不会很高，也就是说，这部分计算资源被白白浪费掉了。基于对称加密算法的 OpenID 方案，就是将存储压力转换为计算压力的一种 OpenID 方案。

4.4.2 对称加密算法简介

对称加密算法是应用较早的加密算法，技术成熟。在对称加密算法中，数据发送方将明文（原始数据）使用密钥经过算法处理，在得到复杂的密文后才进行发送。数据接收方收到密文后，若想解读明文信息，则需要使用加密时相同的密钥进行解密。在对称加密算法中，数据发送方和数据接收方都使用同一个密钥分别对数据进行加密和解密，这就要求数据接收方事先必须知道加密密钥，或者数据发送方通过一种安全方式将密钥传递给数据接收方（通常会基于非对称加密算法传递密钥）。

现代加密算法分为序列密码和分组密码两类。其中，序列密码将明文中的每个字符单独加密后再组合成密文；而分组密码将原文分为若干个组，每个组进行整体加密，其最终加密结果依赖于同组的各位字符的具体内容。也就是说，分组加密的结果不仅受密钥影响，还会受到同组其他字符的影响。序列密码的安全性看上去要更弱一些，但是由于序列密码只需对单个位进行操作，因此运行速度比分组加密要快得多。目前的分组密码都比序列密码要更安全一点。在实际运用中，常被使用的是分组密码。在分组密码中，应用广泛的是数据加密标准（DES）和高级加密标准（AES）。

在对称加密算法中，常用的算法有 DES、3DES、AES、IDEA 和 RC4 等。各个算法的概要介绍如下。

- DES 算法：1977 年，美国标准局（NBS）发布了数据加密标准（DES），并且在之后的 20 年内都是美国政府所使用的标准加密方式。它是一种分组密码，以 64bit 为分组对数据进行加密，其密钥长度为 56bit，加密、解密用同一算法。但是，由于后续推出的 AES 算法在各方面表现都优于 DES，并且目前 DES 算法加密的结果已经可以在有效时间内被破解，因此在实际生产中几乎不再使用 DES 加密算法。不过，该算法作为对称加密算法的基石，具有学习价值。
- 3DES 算法：基于 DES 的改进算法，对一组数据用 3 个不同的密钥进行 3 次加密，强度更高。该算法的出现是为了补救 DES 算法不安全的问题。但是，该算法计算速度慢、系统资源消耗量大，并且加密结果安全性也不是很高，因此在实际生产中也没有得到广泛应用。
- AES 算法：AES 至今仍然是最强大的对称加密算法。目前还不存在从技术上破解 AES 加密结果的有效方法。AES 是密码学中的高级加密标准，该算法采用对称分组密码体制，支持的密钥长度可为 128bit、192bit、256bit，分组长度为 128bit，算法易于被各种硬件和软件实现。这种加密算法是美国联邦政府采用的区块加密标准，AES 标准作为 DES 标准的替代者，已经广为全世界所使用。该算法密钥建立时间短、灵敏度高、内存需求低且安全性高。
- IDEA 算法：这种算法是在 DES 算法的基础上发展出来的，类似于 3DES 算法。发展 IDEA 也是为了克服 DES 密钥太短等缺点。IDEA 的密钥长度为 128 bit，这么长的密钥在今后若干年内是安全的。IDEA 算法拥有自身独立的算法体系，不受外在加密技术限制，因此有关 IDEA 算法和实现技术的书籍都可以自由出版和交流，可极大地促进 IDEA 的发展和完善。该算法常用在电子邮件加密上。

- RC4 算法：于 1987 年提出，和 DES 算法一样，是一种对称加密算法。但不同于 DES 算法的是，RC4 算法不是对明文进行分组处理，而是以字节流的方式，依次加密明文中的每个字节。解密时也是依次对密文中的每个字节进行解密（对应于序列密码）。RC4 算法的特点是简单，执行速度快，并且密钥长度是可变的，可变范围为 1～256 字节（8～2048bit）。在现有技术支持的前提下，当密钥长度为 128bit 时，用暴力法搜索密钥已经不太可行，所以能预见 RC4 算法的密钥范围，能在今后相当长的时间里抵御暴力法搜索密钥的攻击。实际上，直到现在也没有找到对于 128bit 密钥长度的 RC4 加密算法的有效攻击手段。

4.4.3 基于对称加密算法的 OpenID 实践

具体采用哪种对称加密算法，可以根据现有系统体系和基础环境决定，这里选用被认为最安全、最高效的 AES 加密算法。

在对称加密算法中，由于加密和解密操作都需要使用相同的密钥，因此保障密钥安全是保障数据安全的核心。在基于对称加密算法的 OpenID 方案中，对数据加密和解密都发生在授权系统内，所以不存在密钥在传输过程中泄露的安全问题。同时，为了在第三方应用之间进行数据隔离，需要为每个第三方应用设置独立的密钥。这样就算一个第三方应用的密钥泄露了，也不会将影响扩散到其他的第三方应用。第三方应用信息数据结构如示例 4.8 所示。

主键 ID	ClientID	…	AESKey
…	2d3265e7-3dec-4f53-98f8-7f1fd9af5659	…	密钥 1
…	26c71858-babe-47dd-899a-6a8008993380	…	密钥 2
…	…	…	…

示例 4.8 第三方应用信息数据结构

第三方应用在注册时，会随机分配一个密钥，由于 AES 算法的密钥长度可以为 128bit、192bit 或 256bit（随着长度增加加密轮数会增加，安全性也会更强），因此随机分配密钥可以使用不带“-”的 UUID（恰好 256bit）。

基于示例 4.8 并结合 AES 对称加密算法，可以按照以下步骤进行 OpenID 和 UserID 之间的关系转换。

步骤 1 生成 OpenID。

从 UserID 转换为某个第三方应用的 OpenID 主要进行以下操作。

- 根据第三方应用的 ClientID 获取对应的 AESKey。
- 使用 AESKey 对 UserID 拼接 ClientID 前 4 位的结果进行加密。
- 使用 4.3 节中 URL 安全的 Base64 编码对加密结果进行编码，从而得到最终的 OpenID。

伪代码如示例 4.9 中 openId()方法所示。AESUtil 是自定义的 AES-256 加密工具类，使用 encrypt()方法通过密钥将明文加密为 byte 数组。

```
public class AesOpenIdDemo {
        /**
         * @param clientId 第三方应用的唯一标识，这里为 UUID
         * @param aesKey 第三方应用生成的密钥
         * @param userId 系统内部用户 ID
         * @return openId
         */
        public String openId(String clientId, String aesKey, String
userId) {
            byte[] encryptResult = AESUtil.encrypt(aesKey, userId +
clientId.substring(0, 4));
            return Base64.encodeBase64URLSafeString(encryptResult);
        }
        /**
         * @param clientId 第三方应用的唯一标识，这里为 UUID
         * @param aesKey 第三方应用生成的密钥
         * @param openId
         * @return 系统内部用户 ID
         */
        public String userId(String clientId, String aesKey, String
openId) {
            String decryptResult = AESUtil.decrypt(aesKey, Base64.
decodeBase64(openId));
            if (decryptResult.length() < 4) {
                //使用了 4 字节进行填充，结果小于 4 是不可能的
                return null;
            }
            String userId = decryptResult.substring(0, decryptResult.
length() - 4);
            String prefix = decryptResult.substring(decryptResult.
length() - 4);
            if (!prefix.equalsIgnoreCase(clientId.substring(0, 4))) {
                //填充物不符合，存在问题
```

```
                return null;
            }
            return userId;
        }
}
```

示例 4.9　对称加密 OpenID 代码示例

步骤 2 通过 OpenID 获取 UserID。

从某个第三方应用的 OpenID 转换为 UserID 主要进行以下操作。

- 使用 Base64 算法将 OpenID 解码为 byte 数组。
- 根据第三方应用的 ClientID 获取对应的 AESKey 对 byte 数组进行解密。
- 截取掉上一步拼接的 ClientID 前 4 位后，得到最终的 UserID。

伪代码如示例 4.9 中 userId()方法所示。该方法是 openId()方法的逆过程，AESUtil 的 decrypt()方法，通过密钥将 byte 数组解密为明文。同时，在该方法中增加一些必要的验证，即验证解密结果长度必须大于 4bit，并且解密结果的最后 4 位必须和 ClientID 的前 4 位相同。只有验证通过的解密结果，才是合法的解密结果。

4.4.4　基于对称加密算法的 OpenID 方案总结

以上步骤完整地展示了使用对称加密算法生成和解析 OpenID 的全流程。在该方案中，完全不需要保存 OpenID、ClientID 和 UserID 之间的对应关系，不会面临随着用户数和第三方应用数的增长，所带来的存储空间和性能等方面的压力。

虽然该方案为每个第三方应用额外存储了一个 AESKey 密钥字段，但是在收到第三方应用请求时，会对应用信息进行必要的校验工作。这些校验都会查询第三方应用的详细信息，并且为了能有效支撑业务的高并发需求，通常会将第三方应用信息进行缓存。在第三方应用缓存信息中会包含 AESKey 字段，不会在请求过程中增加额外的 I/O 请求。

该方案中 AESKey 的数量和第三方应用的数量会保持一致，不会像 OpenID、ClientID 和 UserID 之间的对应关系那样，随着用户和第三方应用的活跃度增加而迅速增长。

在该方案中，即使某个第三方应用的 AESKey 泄露，也只是该第三方应用能获取真实 UserID，其他第三方应用依然无法获取真实 UserID，从而避免不同第三方应用之间进行用户串联。

如果能确保 AESKey 的安全，则可以使用一个全局的 AESKey，这样该 AESKey 就可以常驻内存，为所有的第三方应用提供 OpenID 和 UserID 之间的转换功能。但是，AESKey 一旦泄露，所有的第三方应用都能获取原始的 UserID，因此这些第三方应用之间就可以无障碍地共享他们所持有的用户信息。

除此之外，还有一种方式类似于这种全局唯一的 AESKey 方式，即提供一种全局唯一的密钥提取算法。例如，如果使用 AES-128，则密钥的长度为 128bit，也就是 16Byte。因为 ClientID 为 UUID，将“-”去掉后有 32 位，即 2d3265e7-3dec-4f53-98f8-7f1fd9af5659 去掉“-”后为 2d3265e73dec4f5398f87f1fd9af5659，仍然是唯一的。因为 UUID 实际的每一位代表的是一个十六进制数，所以能代表 0～15 的数。从字符角度来看，UUID 的每一位都能代表 1Byte，也就是 8bit，所以 16 个字符就可以作为 AES-128 的密钥。

基于这个前提，可以定义以下算法。

（1）将 ClientID 的 UUID 值去掉“-”。

（2）将步骤（1）得到的结果的第一个字符转换为十进制数，并作为偏移量 X。

（3）将以偏移量 X 为起始点截取的 16 个字符作为 ClientID 所对应的密钥。

在以上算法中，由于偏移量 X 最大值为 15bit，而步骤（1）得到的结果长度为 32bit，截取的字符串长度为 16bit，因此不会发生字符串位数不足的问题。

这种基于统一算法的方式和基于统一 AESKey 的方式，从本身性质上来看是一样的，所以存在的缺点也一样。

4.5　基于严格单调函数的 OpenID 方案

4.5.1　相关概念

设 $F(x)$ 函数的定义域为 I。

如果对于属于 I 内某个区间上的任意两个自变量的值 x_1、x_2，当 $x_1>x_2$ 时都有 $F(x_1)\geqslant F(x_2)$，则 $F(x)$ 在该区间上为不减函数；如果 $F(x_1)>F(x_2)$，则 $F(x)$ 在该区间上为增函数。

如果对于属于 I 内某个区间上的任意两个自变量的值 x_1、x_2，当 $x_1>x_2$ 时都有 $F(x_1)\leqslant F(x_2)$，则 $F(x)$ 在该区间上为不增函数；如果 $F(x_1)<F(x_2)$，则 $F(x)$ 在该区间上为减函数。

增函数和减函数统称为单调函数。

如果绕开严格的数学定义，并且只讨论严格单调函数，则可以给出以下简单定义：

对于 $F(x)$函数定义域中的任意的 $x_1>x_2$，必有 $F(x_1)>F(x_2)$或 $F(x_1)<F(x_2)$，那么 $F(x)$为严格单调函数。

严格单调函数有一个性质，就是该函数一定存在反函数。

反函数定义如下。

设 $y=F(x)$函数的定义域为 I，值域为 $F(I)$。如果对于值域 $F(I)$中的每一个 y，在 I 中有且只有一个 x 使得 $x=G(y)$，则按照此对应法则得到一个定义域在 $F(I)$上的函数，该函数即为 $y=F(x)$的反函数。

4.5.2 基于严格单调函数的 OpenID 实践

根据以上定义，对于一个拥有反函数的 $y=F(x)$函数来说，其任意定义域中的 x，都能通过 F 的函数作用推断出唯一的 y；同时，其任意值域中的 y，都能通过 F 的反函数作用推断出唯一的 x。这种转换恰好符合 OpenID 的转换需求。

设 x 为 UserID，y 为 OpenID，每个 ClientID 都对应于唯一的严格单调函数 $y=F(x)$。那么给定的每一个 UserID，都可以通过 ClientID 所对应的 F，推断出 ClientID 下唯一的 OpenID；而给定唯一的 OpenID，也可以通过 ClientID 所对应的 F，反推出唯一的 UserID。

在实际应用中，由于函数计算的结果都是数值结果，因此需要提供一种 UserID、OpenID 与 x、y 之间相互转换的编解码能力。

在编解码过程中，会将 UserID、OpenID 转换为数值 x、y，该过程被称为编码过程；同时会将数值 x、y 转换为 UserID 和 OpenID，该过程被称为解码过程。

如何生成严格单调函数，以及如何对严格单调函数的输入输出进行编解码有很多途径。这里介绍一种简单的基于一元一次函数的转换方案。

形如 $y=kx+b(k\neq0)$的函数被称为一元一次函数（Linear Function of One Variable）。

一元一次函数 $y=kx+b(k\neq0)$具有以下性质。

- 在平面直角坐标系中，其图像是一条直线，当 $k>0$ 时，函数是严格增函数；当 $k<0$ 时，函数是严格减函数。
- 函数在 R 上处处连续、处处可微，且存在任意阶导数。

有了相关前置知识后，下面对方案的详细内容进行介绍。

该方案在生成 OpenID 时，最重要的步骤是，为每个第三方应用生成全局唯一的一元一次函数，同时第三方应用和系统用户都要拥有唯一的数值型 ID。

假设将全局自增 ID 作为第三方应用和系统用户唯一的数值型 ID，在忽略掉不重要的信息后，得到如示例 4.10 所示的第三方应用信息表和如示例 4.11 所示的用户信息表。

其中，ID 字段就是全局自增 ID，“一元一次函数”字段存储着每个第三方应用中全局唯一的一元一次函数。

ID	ClientID	…	一元一次函数
1	…	…	$y=x+1$
2	…	…	$y=-x+2$
3	…	…	$y=x+3$

示例 4.10　第三方应用信息表

ID（UserID）	…	UserName
1	…	…
2	…	…
3	…	…

示例 4.11　用户信息表

下面将基于如示例 4.10 和示例 4.11 所示的信息表，通过生成一元一次函数、将 UserID 转换为 OpenID、将 OpenID 转换为 UserID 三个步骤来介绍本方案。

1．生成一元一次函数

对于形式为 $y=kx+b(k\neq0)$的一元一次函数，在创建第三方应用时，首先会随机生成一个取值为 1 或-1 的 k 值，然后将该第三方应用的 ID 值（示例 4.10 中 ID 字段的值）作为 b 值，以便最终确定唯一一个函数 $y=kx+b(k=1$ 或 $k=-1)$。

随机生成一个 k 的具体方案多种多样，其中最简单的方式，就是取一个 0～1 的随机小数，如果该小数大于 0.5，则 k 取值为 1，如果该小数小于或等于 0.5，则 k 取值为-1，伪代码如示例 4.12 所示。

```
public class KDemo {
    /**
     * 随机生成一个 1 或-1 的 k 值
     * @return 随机生成的 k 值
     */
    public int randomK() {
        double v = ThreadLocalRandom.current().nextDouble(1);
        if (v > 0.5) {
            return 1;
        } else {
            return -1;
```

```
            }
        }
    }
```

示例 4.12　随机 k 值生成代码示例

示例 4.12 使用了 Java 标准库中的 ThreadLocalRandom（在 JDK7 以后提供的一种多线程并行的随机数生成类）。该类通过为每个线程单独维护一个 seed（随机数生成种子），从而避免在生成随机数时多线程并发获取同一个 seed 所带来的性能问题。

由于 k 值只能为{1，-1}，而 b 值为第三方应用 ID 值，如果该 ID 值全局递增且唯一，则对应的 $y=kx+b$ 一定是全局唯一的。

这里的 k 也可以指定为一个固定的整数值，如 5，那么一元一次函数的格式固定为 $y=5x+b$。那么每一个唯一 b 值也能对应一个唯一的一元一次函数。

2．将 UserID 转换为 OpenID

如图 4-6 所示，在生成 OpenID 时，总是有某个系统用户对某个第三方应用进行授权，所以在生成 OpenID 时，一定可以得到第三方应用信息和系统用户信息。其详细转换流程如下。

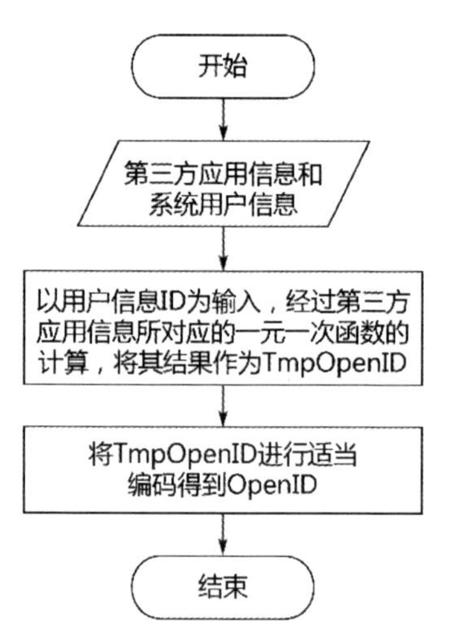

图 4-6　OpenID 生成流程

步骤 1 将系统用户信息的 ID 作为第三方应用信息中所保存的一元一次函数的输入 x，经过该一元一次函数的计算后，得到输出 y，并将 y 作为 TmpOpenID。

步骤 2 对 TmpOpenID 进行编码生成 OpenID。这里采用一种较为朴素的编码方式：首先可以确定 TmpOpenID 一定是整数，所以将 TmpOpenID 取绝对值后所对应的字符串作为 OpenID 的基准字符串；然后判断 TmpOpenID 是否小于 0，如果是，则在基准字符串前补 1，否则在基准字符串前补 0，并在补齐后，得到最终 OpenID。

【实例】

第三方应用信息：{ID：1，…，一元一次函数：$y=-x+1$}；

系统用户信息：{ID：9，…}。

解：

将用户信息 ID 值 9 作为 x 代入 $y=-x+1$，得到输出 $y=-8$；

对输出 y 取绝对值，得到 OpenID 基准字符串“8”；

由于 $y=-8$ 小于 0，要在基准字符串前补 1，因此得到字符串“18”；

最终字符串“18”就是系统用户对应于第三方应用的 OpenID。

3. 将 OpenID 转换为 UserID

每次通过 OpenID 换取系统 UserID 时，都有一个确定的第三方应用来发起该请求，所以在该过程中，能得到 OpenID 和第三方应用信息。详细的转换流程如图 4-7 所示。

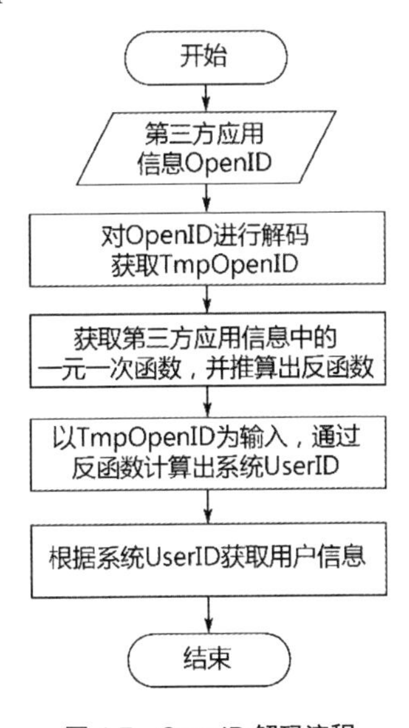

图 4-7　OpenID 解码流程

步骤 1 将 OpenID 从第二位开始截取，并将得到的字符串转换为整数，作为基准 TmpOpenID。取 OpenID 第一位字符，并转换为整数，如果转换结果为 1，则对 TmpOpenID 进行取反；如果转换结果为 0，则不进行任何操作。经过以上处理，得到最终的 TmpOpenID。

步骤 2 首先获取第三方应用信息中的一元一次函数，并获取其反函数；然后将 TmpOpenID 作为输入，代入到反函数中，得到的输出结果即为系统 UserID。

【实例】

第三方应用信息：{ID：1，…，一元一次函数：$y=-x+1$}；

OpenID：18。

解：

将 OpenID 从第二位开始截取并转换为整数，得到基准 TmpOpenID：8；

由于 OpenID 第一位为 1，因此对基准 TmpOpenID 取反，得到最终 TmpOpenID：-8；

根据第三方应用信息中的一元一次函数 $y=-x+1$，可以得到反函数 $x=1-y$，进行变量替换得到 $y=1-x$；

将 TmpOpenID 作为 x 代入反函数得到 $y=9$，即为系统 UserID，并根据系统 UserID 获取系统用户信息。

4.5.3 基于严格单调函数的 OpenID 方案总结

以上是基于严格单调函数的特例，以及一元一次函数进行 OpenID 转换的全部流程。该流程类似于 4.4.3 节中基于对称加密算法进行 OpenID 转换流程，同样需要在应用信息中保存额外信息。不同的是，4.4 节为密钥，4.5 节为一元一次函数。

第三方应用所保存的这些额外信息的数量，必然和第三方应用数量保持一致，不会随着第三方应用和系统用户数量的组合增长，而给系统存储带来压力。

第三方应用在请求时，必然会根据 ClientID 获取第三方应用信息，并进行各种校验，所以并不会因为在进行 OpenID 转换时，需要获取一元一次函数，而给系统带来额外的查询压力。

该方案的优势主要包括以下几点。

- 不需要保存 OpenID 和 UserID 之间的映射关系。
- 相比于对称加密算法的多轮复杂运算，该方案，尤其是一元一次函数方案，只有计算成本很低的加法或减法运算。
- 生成的 OpenID 长度较短，在亿级用户的系统中，OpenID 的长度在 10bit 左右。

当然，这种方案也存在一定缺陷。由于两个函数可能有交点，因此同一个系统 UserID 在某个第三方应用中所对应的 OpenID，可能和其在另外一个第三方应用中所对应的 OpenID 相同。

4.6　基于向量加法的 OpenID 方案

4.6.1　UUID 简介

UUID（Universally Unique Identifier）是一个长度为 128bit 的数值，将这个数值每 4 位为一组转换为十六进制数，就可以得到没有“-”分隔版本的 UUID，这种 UUID 由 32 位十六进制数组成，如 7490e5cb1465428bbc90bb36f4f95b17。有“-”版本的 UUID 通常会按照 8-4-4-4-12 这样的分隔方式，对 32 位十六进制数进行分隔。将上面所生成的 UUID 例子 7490e5cb1465428bbc90bb36f4f95b17 按照 8-4-4-4-12 的分隔方式进行分隔后，得到 36 位包含“-”的 UUID：7490e5cb-1465-428b-bc90-bb36f4f95b17。

UUID 中有两个有特殊含义的十六进制字符，为了清晰这里以 36 位包含“-”的 UUID 为例：

xxxxxxxx-xxxx-Mxxx-Nxxx-xxxxxxxxxxxx

上面示例中的数字 M，表示 UUID 版本，当前规范有 5 个版本，所以 M 的可选值有 1、2、3、4、5。数字 N 对应比特值的高 3 位，代表 UUID 变体，而当前的 UUID 规范中前两位固定为 1 和 0，所以数字 N 一定是 10xx（x 取 0 或 1）的形式，即数字 N 只能取 8、9、a、b 四个值。变体的作用是决定 UUID 的布局（详情可参考 RFC412-2）。

UUID 各版本概述如下。

（1）UUID version 1：基于时间的 UUID。

基于时间的 UUID 可以通过计算当前时间戳、随机数和机器 MAC 地址得到。由于在算法中使用了 MAC 地址，因此这个版本的 UUID 可以保证在全球范围内的唯一性。但与此同时，使用 MAC 地址会带来安全性问题，这也是这个版本 UUID 备受批评的地方。如果只在局域网中使用，则可以使用退化的算法，以 IP 地址代替 MAC 地址。Java 的 UUID 往往是这样实现的（当然也考虑了获取 MAC 的难度）。

（2）UUID version 2：DCE 安全的 UUID。

DCE（Distributed Computing Environment）安全的 UUID，和基于时间的 UUID 算法相同，但会把时间戳的前 4 位置换为 POSIX（Portable Operating System Interface）的 UID 或 GID。这个版本的 UUID 在实际中较少用到。

（3）UUID version 3：基于名字的 UUID（MD5）。

基于名字的 UUID 可以通过计算名字和名字空间的 MD5 散列值得到。这个版本的 UUID 保证了在相同名字空间中，不同名字生成的 UUID 的唯一性。也就是说，在相同名字空间中，相同名字的 UUID 重复生成是相同的。

（4）UUID version 4：随机 UUID。

根据随机数或伪随机数生成 UUID。这种 UUID 产生重复的概率是可以计算出来的，但随机的东西就像是买彩票，指望它发财是不可能的，但“狗屎运”通常会在不经意中到来。所以，这种 UUID 在实际生产中也不会使用。

（5）UUID version 5：基于名字的 UUID（SHA1）。

与版本 3 的 UUID 算法类似，只是散列值计算使用 SHA1（Secure Hash Algorithm 1）算法。

4.6.2 基于向量加法的 OpenID 实践

将无“-”分隔版本的 UUID 的每一位十六进制数，当作一个维度的坐标值，那么该版本的 UUID 就变成了一个 32 维空间中的向量。为了能在这个 32 维空间中进行十六进制数向量加法，需要将十六进制数扩展为三十一进制数的形式。现在定义三十一进制数规范如下。

使用 31 个字符 0、1、2、3、4、5、6、7、8、9、a、b、c、d、e、f、g、h、i、j、k、l、m、n、o、p、q、r、s、t、u 分别对应于十进制数中的 0、1、2、3、4、5、6、7、8、9、10、11、12、13、14、15、16、17、18、19、20、21、22、23、24、25、26、27、28、29、30。

由于该三十一进制数规范是基于十六进制数规范（0～f）进行扩展的，因此十六进制数可以很简单地融入该三十一进制数规范中。并且由于十六进制数最大为 f，f+f=u（对应于十进制数中的 15+15=30），因此将十六进制数融入三十一进制数后，融入的任意两个数进行相加都不会产生进位操作。这样一来，在进行向量加法运算时，每个坐标位对应相加后依然是单个字符，不会带来字符串长度扩增的问题。

为了能利用 UUID 在 32 维空间中进行向量的加法或减法运算，需要为第三方应用和系统用户在创建时生成一个 UUID 并持久化。其中，第三方应用信息的数据结构如示例 4.13 所示，用户信息的数据结构如示例 4.14 所示。

ID	ClientID	…	UUID
1	…	…	…
2	…	…	…
3	…	…	…

示例 4.13 第三方应用信息的数据结构

ID	…	UUID
1	…	…
2	…	…
3	…	…

示例 4.14　用户信息的数据结构

下面基于示例 4.13 和示例 4.14 的数据结构，通过将 UserID 转换为 OpenID 和将 OpenID 转换为 UserID 这两个互逆流程来介绍本方案。

1．将 UserID 转换为 OpenID

定义 ClientID 所对应的 32 维向量为 $\overrightarrow{CV}$，定义 UserID 对应的 UUID 所对应的 32 维向量为 $\overrightarrow{UV}$，其中每一位的字符代表相应维度的坐标值，使用坐标法表示一个具体向量，那么 UUID 值 c6b0c79f0bfa4f75a4105a1650f4414b 对应的向量的形式为一个小括号包含着用逗号分隔的各个维度的坐标，即（c，6，b，0，c，7，9，f，0，b，f，a，4，f，7，5，a，4，1，0，5，a，1，6，5，0，f，4，4，1，4，b）。

再定义 OpenID 所对应的 32 维向量为 $\overrightarrow{OV}$。

首先，根据向量加法在三十一进制的形式下进行向量加法运算，如计算 $\overrightarrow{OV}$，即 $\overrightarrow{OV}=\overrightarrow{CV}+\overrightarrow{UV}$。

然后，将 $\overrightarrow{OV}$ 中的各坐标依次连接组成的字符串作为 OpenID，该 OpenID 在 ClientID 所对应的第三方应用下唯一，证明如下。

证明：根据 UUID 生成策略可以明确 $\overrightarrow{CV}$ 和 $\overrightarrow{UV}$ 都是唯一的。在 $\overrightarrow{OV}=\overrightarrow{CV}+\overrightarrow{UV}$（式 1）的前提下，假设存在 $\overrightarrow{UV1}$（另一个用户的 UUID 对应的向量，$\overrightarrow{UV1}\neq\overrightarrow{UV}$）使得 $\overrightarrow{OV}=\overrightarrow{CV}+\overrightarrow{UV1}$（式 2）。

根据式 1 及向量加法逆运算可得 $\overrightarrow{UV}=\overrightarrow{OV}-\overrightarrow{CV}$，根据式 2 及向量加法逆运算可得 $\overrightarrow{UV1}=\overrightarrow{OV}-\overrightarrow{CV}$，从而推出 $\overrightarrow{UV1}=\overrightarrow{UV}$ 的假设不成立，证明完毕。

下面举例说明如何生成 OpenID。

设 ClientID 所对应的 UUID 为 c6b0c79f0bfa4f75a4105a1650f4414b。

设 UserID 所对应的 UUID 为 a45a5d65a89d4b7d879d1471b2787d3e。

转换为向量后得到对应的 $\overrightarrow{CV}$ 和 $\overrightarrow{UV}$。

$\overrightarrow{CV}$ =（c，6，b，0，c，7，9，f，0，b，f，a，4，f，7，5，a，4，1，0，5，a，1，6，5，0，f，4，4，1，4，b）。

$\overrightarrow{UV}$ =（a，4，5，a，5，d，6，5，a，8，9，d，4，b，7，d，8，7，9，d，1，4，7，1，b，2，7，8，7，d，3，e）。

根据坐标向量加法在三十一进制的形式下执行 $\overrightarrow{CV}+\overrightarrow{UV}$ （根据前文所述，由于UUID是十六进制数，因此在三十一进制的形式下两位相加，必然能用一个三十一进制数进行表示）。最终得到 $\overrightarrow{OV}$ 。

$\overrightarrow{OV}$ =（m，a，g，a，h，k，f，k，a，j，o，n，8，q，e，i，i，b，a，d，6，e，8，7，g，2，m，c，b，e，7，p）。

最后，将向量转换为字符串，得到OpenID值为magahkfkajon8qeiibad6e87g2mcbe7p。

2. 将 OpenID 转换为 UserID

将OpenID转换为UserID，是将UserID转换为OpenID的逆向过程，这时一定能获取ClientID和OpenID。也就是说，一定能推导出对应的 $\overrightarrow{OV}$ 和 $\overrightarrow{UV}$ ，由于合法的 $\overrightarrow{OV}$ 等于 $\overrightarrow{CV}+\overrightarrow{UV}$ ，并且每一个坐标位一定是一个三十一进制数，因此在收到请求后，首先校验 $\overrightarrow{OV}$ 的每一个坐标位所对应的数是否确实为三十一进制数，如果不是，则直接走错误处理流程即可；然后根据 $\overrightarrow{UV}=\overrightarrow{OV}-\overrightarrow{CV}$ 推导出 $\overrightarrow{UV}$ ，在相减过程中，如果有任何一个向量坐标位所对应的值小于0，则OpenID一定是非法的，走错误处理流程即可；最后将得到的 $\overrightarrow{UV}$ 转换为字符串后，便得到UserID所对应的UUID，并根据该UUID查询用户信息，如果用户信息不存在，则OpenID也是非法的，走错误处理流程即可。

继续使用将UserID转换为OpenID的例子来说明将OpenID转换为UserID的过程，具体如下。

设OpenID为magahkfkajon8qeiibad6e87g2mcbe7p。

设ClientID所对应的UUID为c6b0c79f0bfa4f75a4105a1650f4414b。

转换为向量后得到对应的 $\overrightarrow{OV}$ 和 $\overrightarrow{CV}$ 。

$\overrightarrow{OV}$ =（m，a，g，a，h，k，f，k，a，j，o，n，8，q，e，i，i，b，a，d，6，e，8，7，g，2，m，c，b，e，7，p）。

$\overrightarrow{CV}$ =（c，6，b，0，c，7，9，f，0，b，f，a，4，f，7，5，a，4，1，0，5，a，1，6，5，0，f，4，4，1，4，b）。

利用坐标向量减法在三十一进制的形式下进行运算，得到 $\overrightarrow{UV}$ 。

$\overrightarrow{UV}$ =（a，4，5，a，5，d，6，5，a，8，9，d，4，b，7，d，8，7，9，d，1，4，7，1，b，2，7，8，7，d，3，e）。

将向量转换为字符串 U，从而得到 UserID 所对应的 UUID 值 a45a5d65a89d4b7d879d1471b2787d3e，并根据该 UUID 查询对应的用户信息。

总结

基于向量加法的 OpenID 方案

以上是根据向量加法生成 OpenID 和还原 UserID 的全流程，从中可以看到这种方式生成的 OpenID 只能保证在第三方应用下是唯一的，而不能保证是全局唯一的。

同时，由于生成的 OpenID 是定义的三十一进制形式下的数，只能包含 0、1、2、3、4、5、6、7、8、9、a、b、c、d、e、f、g、h、i、j、k、l、m、n、o、p、q、r、s、t、u 这 31 个字符，且都是 URL 安全的，因此可以放心地在 Web 应用中进行使用，而不需要进行任何的编码和解码操作。

最后基于向量加法生成 OpenID 时，运算量也比较小，只有 32 次加法或减法运算，以及一些字符串的拼接操作。相比于对称加解密的方案，该方案的运算速度会比较快。

4.6.3　矩阵乘法思路扩展

在基于向量加法生成 OpenID 方案的基础上，还可以基于向量乘法进行 OpenID 生成，但是这种方案还不成熟，这里作为一种思路拓展进行分享。

与基于向量加法生成 OpenID 方案的方式相同，基于向量乘法的 OpenID 生成方案依然以 UUID 为基础，不过使用的 UUID 是带有“-”的 UUID。这种形式的 UUID 由 36 个字符组成（额外存在 4 个“-”），类似 57e3caf0-619c-5af7-a74f-8368391e21b9。

将 57e3caf0-619c-5af7-a74f-8368391e21b9 中的“-”全部替换为数字 1，那么替换后的 UUID 依然是唯一的。替换后的 UUID 变成如下格式：

57e3caf0**1**619c**1**5af7**1**a74f**1**8368391e21b9

其中加粗的部分是用“1”替换“-”的位置。

该字符串中正好有 36 个字符，那么将 6 个字符作为一行，进行分组就可以分为 6 行，用矩阵的视角看就得到一个 6×6 的矩阵，如示例 4.15 所示。

将示例 4.15 中的十六进制数全部转换为十进制数，就得到如示例 4.16 所示的矩阵。

5	7	e	3	c	a
f	0	1	6	1	9
c	1	5	a	f	7
1	a	7	4	f	1
8	3	6	8	3	9
1	e	2	1	b	9

示例 4.15 UUID 转换的十六进制数矩阵

5	7	14	3	12	10
15	0	1	6	1	9
12	1	5	10	15	7
1	10	7	4	15	1
8	3	6	8	3	9
1	15	2	1	11	9

示例 4.16 UUID 转换的十进制数矩阵

为了能有效支撑业务，需要示例 4.16 的矩阵可逆。因此，在通过 UUID 获取示例 4.16 的矩阵后，会验证该矩阵是否可逆，只有在可逆的情况下，才会使用该 UUID。如果矩阵不可逆，则需要重新生成 UUID，直到 UUID 所对应的矩阵可逆为止。

下面基于示例 4.13 和示例 4.14 的底层数据结构，通过将 UserID 转换为 OpenID 和将 OpenID 转换为 UserID 这两个互逆流程来介绍本方案。

1. 将 UserID 转换为 OpenID

设矩阵 $\boldsymbol{U}$ 所对应的是 UserID，形式为如示例 4.15 所示的矩阵。

设矩阵 $\boldsymbol{C}$ 所对应的是 ClientID，形式为如示例 4.16 所示的矩阵。

根据矩阵乘法算出矩阵 $\boldsymbol{O}=\boldsymbol{U}\times \boldsymbol{C}$，得到如示例 4.17 所示的矩阵（示例 4.17 是一个真实的计算结果）。

346	236	174	477	378	448
186	284	147	378	158	292
229	301	212	564	353	429
172	96	125	308	302	278
237	274	133	405	271	295
195	171	80	309	204	310

示例 4.17 OpenID 矩阵示例

因为矩阵 $\boldsymbol{U}$ 和矩阵 $\boldsymbol{C}$ 都是从 UUID 变化而来的，所以每个节点的数值最大值为 15，那么矩阵 $\boldsymbol{O}$ 中每个节点的最大值为 1350（15×15×6），即矩阵 $\boldsymbol{O}$ 中每个节点的值最长为 4 位数。那么，将不足 4 位的数前面补齐 0 到 4 位，并将各节点的值，按照从左到右，从上到下的顺序，依次连接后，就得到长度固定为 144 位数的唯一 OpenID。

将示例 4.17 按照该方式编码后，得到的 OpenID 如示例 4.18 所示。

0346**0**236**0**174**0**477**0**378**0**448**0**186**0**284**0**147**0**378**0**158**0**292**0**229**0**301**0**212**0**564**0**353**0**429**0**172**00**96**0**125**0**308**0**302**0**278**0**237**0**274**0**133**0**405**0**271**0**295**0**195**0**171**00**80**0**309**0**204**0**310

示例 4.18 矩阵乘法 OpenID 示例

示例 4.18 中的加粗部分，是为了进行有效编码而补齐的 0。当然也有其他的方式进行编码，比如按照 UUID 的思想，用“-”分隔各位置的数字。

2. 将 OpenID 转换为 UserID

将 OpenID 转换为 UserID，是将 UserID 转换为 OpenID 的逆过程。首先在收到示例 4.18 的 OpenID 后，将 OpenID 以 4 位为一组转换为整数；然后进一步转换为示例 4.17 的矩阵，从而得到矩阵 $\boldsymbol{O}$。

此时，因为 ClientID 已知，所以可以得到矩阵 $\boldsymbol{C}$，又因为在生成时进行了校验，所以矩阵 $\boldsymbol{C}$ 一定是可逆的。根据矩阵 $\boldsymbol{O} = \boldsymbol{U} \times \boldsymbol{C}$，可以推导出 $\boldsymbol{U} = \boldsymbol{O} \times \boldsymbol{C}^{-1}$，进而计算出如示例 4.16 所示的矩阵 $\boldsymbol{U}$。

在得到矩阵 $\boldsymbol{U}$ 后，会尝试将矩阵 $\boldsymbol{U}$ 转换为如示例 4.15 所示的十六进制数矩阵。如果转换失败，则说明 OpenID 非法，直接走错误处理流程即可；如果转换成功，则继续进行逆向操作，直到还原出 UUID。最终根据 UUID 获取用户信息。

总结

基于矩阵乘法的 OpenID 方案

以上就是基于矩阵乘法生成 OpenID 方案的全部内容，无论是从计算量还是生成的 OpenID 长度上来衡量，这种方案都不是首选。但是作为一种新思路来说，还是具有一定的分享价值的，希望能起到抛砖引玉的作用。

4.7 OpenID 小结

前面的几个小节，针对生成 OpenID 的方案进行了介绍，这些方案没有优劣之分，只有最适合于当前业务场景的方案。

这些生成 OpenID 的方案可以归纳为以下两类。

- 基于映射关系存储进行 OpenID 和 UserID 之间的转换。
- 基于可逆运算进行 OpenID 和 UserID 之间的转换。

其中，基于自增 ID 和 Hash 算法的 OpenID 方案属于第一类，基于严格单调函数、基于对称加密算法和基于向量加法的 OpenID 方案属于第二类。相信 OpenID 的生成方案不会只局限于以上几种，大家可以拓宽思路，寻找适合自己的 OpenID 生成方案。

在使用 OpenID 时，还有一些相关注意事项，下面将对这些注意事项进行讨论。

第一，OpenID 作为缓存 Key 时的注意事项。为了能缓解系统压力，通常会将热点的 OpenID 信息缓存在 Redis 这类的内存数据库，甚至是本地缓存中。这样得到 OpenID 后，就能快速获取对应的用户信息。

但是，在使用不同方式的 OpenID 作为缓存 Key 时，需要注意这些 OpenID 唯一性的范围。有的方式生成的 OpenID 是全局唯一的，而有的方式生成的 OpenID 只保证在 ClientID 下唯一。

由于 OpenID 的定义为系统用户在第三方应用的唯一标识，因此任何版本的 OpenID 都会满足在 ClientID 下唯一。那些在全局下还唯一的 OpenID，反而显得对自身要求太过苛刻了。在授权系统中 ClientID 全局唯一，所以在将 OpenID 作为缓存 Key 时，要在前面加上 ClientID 作为自身的命名空间。也就是说，要使用 ClientID 拼接 OpenID 的结果作为缓存的 Key 值。

因为不会抛开 ClientID 使用 OpenID，所以在任何业务下都能有效地拼接缓存 Key。

第二，用户对第三方应用进行授权，只是 OpenID 生成场景之一，在现实中还有很多场景会生成 OpenID。所以，在进行 OpenID 评估时，要考虑是否有其他场景会生成 OpenID，以免出现因漏掉场景而导致评估结果不准确的情况，最终对系统造成严重影响。

这里以一个具体的场景为例。在电商开放平台中，订单查询功能是一个常见的对外开放功能。当外部返回订单信息时，为了保护用户隐私，会将订单中的用户信息替换为用户在该第三方应用中的 OpenID。在这个场景下，OpenID 承担了脱敏的职责。虽然该订单的下单用户并没有对获取订单信息的第三方应用进行授权，但是依然生成了 OpenID。

第三，由于 OpenID 是系统用户在第三方应用中的唯一标识，因此第三方应用一定要使用某种方式持久化 OpenID。为了使第三方应用合理地分配保存 OpenID 的空间，需要在对外文档中明确 OpenID 的最大长度。也就是说，如果没有明确的最大长度值，则第三方应用为 OpenID 预留的存储空间过大会浪费存储空间，过小会在授权过程中因为无法保存 OpenID 而报错。

第四，由于 OpenID 一般会通过 HTTP 协议进行传输，因此有时会出现在 get()方法的返回结果中，这时 OpenID 就会出现在 URL 的参数列表上，这就要求 OpenID 是 URL 安全的，或者是对 OpenID 进行了适当的 URL 编码。

虽然介绍了很多的 OpenID 实现方案，但是一个开放平台可以不实现 OpenID。也就是说，如果一个开放平台只需得到用户的 access_token，并且该 access_token 不会发生变化也不会过期，就完全不需要 OpenID 了。不过这种情况基本上很少出现，因为这种方式的 access_token 的安全性难以得到保障，也很少有不需要获取用户唯一标识的场景。

4.8 UnionID

4.8.1 UnionID 简介

同一个用户在不同的第三方应用中都存在信息，OpenID 用于隔离这些信息。也就是说，在不同的第三方应用中，相同的 UserID 对应的 OpenID 可以不同。

例如，现有 3 个第三方应用，分别为 A、B 和 C。对于 UserID 为 1 的用户来说，在 A 中的 OpenID 为 X，在 B 中的 OpenID 为 X，在 C 中的 OpenID 为 Y。用户在 A 和 B 中具有相同的 OpenID，在 C 中的 OpenID 不同，这样就可以隔离 C 的用户信息。

某些第三方应用要求同一个 UserID 在这些第三方应用中所对应的 OpenID 完全相同。例如，某大型连锁超市申请了多个第三方应用对接开放平台，该超市为了统一管理用户信息，并跨店铺共享用户信息，需要在所有的第三方应用中都能获取相同的 OpenID。针对这种需求，开放平台需要提供相应的功能支持，并将这种在某些指定的第三方应用下保持一致的 OpenID 命名为 UnionID。

图 4-8 所示为 UnionID 示意图，进一步展示了 UnionID 的意义。所有的第三方应用都可以拥有自己独立的 OpenID 体系，如果第三方应用归属在某个范围内，则这些第三方应用有相同的 UnionID。

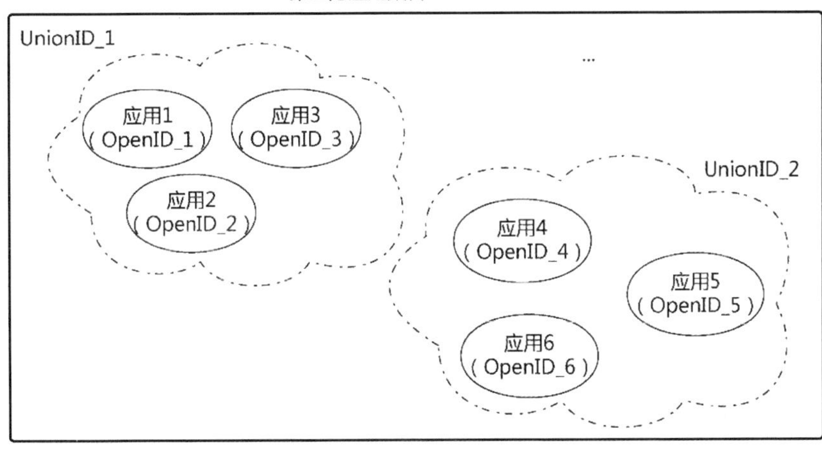

图 4-8　UnionID 示意图

UnionID 中最重要的就是如何划分范围，同一个范围内的第三方应用能通过相同的 UnionID 进行业务串联，如果随意划分 UnionID 的范围，则可能导致用户信息泄露。

4.8.2 UnionID 划分方案

下面介绍两种 UnionID 的划分方案，这两种方案没有优劣之分，只需根据自身业务场景选择适合的方案即可。

4.8.2.1 基于用户划分

在开发第三方应用时，开发者需要在开放平台上注册账户，并在通过该账户申请创建第三方应用后，与开放平台对接。通常一个账户所申请的第三方应用的个数是不受限制的。如果基于开发者账号划分 UnionID 范围，则账号下的所有第三方应用都可获取相同的 UnionID。

图 4-9 所示为基于用户划分的 UnionID 方案。开发者 A 的所有第三方应用都属于同一个 UnionID 组，针对同一个系统用户可获取相同的 UnionID。不同的开发者之间是完全隔离的，对于同一个用户，开发者 B 的第三方应用无法获取与开发者 A 的第三方应用相同的 UnionID。

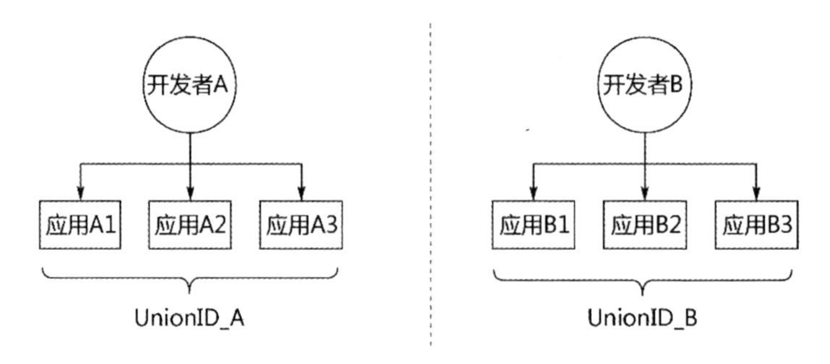

图 4-9 基于用户划分的 UnionID 方案

基于用户划分的 UnionID 实现起来较为简单，没有多余的申请、审核及管理功能所带来的系统复杂性。在用户账号属于公司体系，或者员工离职后不带走账号的场景下，都可以使用该划分方案。

4.8.2.2 基于虚拟主体划分

首先需创建一个虚拟主体，并在此基础上建立 UnionID 组管理机制进行划分。同一个虚拟主体下的所有第三方应用，可以获取相同的 UnionID。

步骤 1 建立虚拟主体。第三方平台为开发者提供创建虚拟主体的功能，使开发者可以通过该功能申请创建虚拟主体。开放平台一般要求开发者提供创建原因和相关资质，并在开放平台的运营人员审核通过后，成功创建虚拟主体。如果审核不通过，则会告知开发者具体原因。

步骤 2 开发者邀请第三方应用加入虚拟主体。开发者在创建完成虚拟主体后，可以通过输入 ClientID 的方式，邀请第三方应用加入虚拟主体。邀请时需要填写具体原因。开放平台的运营人员审核通过后，ClientID 对应的第三方应用即可加入虚拟主体。如果审核不通过，则会告知开发者具体原因。一个第三方应用只能加入一个虚拟主体。如果第三方应用已加入其他虚拟主体，则无法加入新的虚拟主体。如果想加入新的虚拟主体，则需要退出已加入的虚拟主体，在清空账号体系后加入新的虚拟主体。

步骤 3 获取 UnionID。同一个虚拟主体下的第三方应用在对用户授权时，可获取相同的 UnionID，且虚拟主体下的所有第三方应用使用 UnionID 来共享用户信息。

建立虚拟主体并使用 UnionID 的步骤可以概括为创建、加入和使用。除了主要功能，创建虚拟主体的开发者还可以移除已加入虚拟主体的第三方应用。同时，第三方应用也具有自行退出虚拟主体的权利。

图 4-10 所示为基于虚拟主体划分的 UnionID 方案。开发者 A 创建了一个虚拟主体 1 并已通过审核。开发者 A 申请将第三方应用 A2 和 A3 加入虚拟主体 1，审核通过后，第三方应用 A2 和 A3 即可使用 UnionID。由于第三方应用 A1 并没有加入虚拟主体 1，因此无法使用 UnionID 功能。

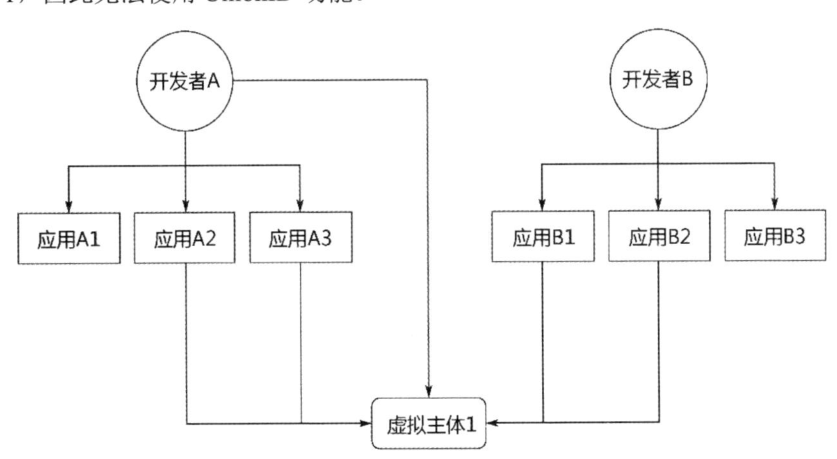

图 4-10　基于虚拟主体划分的 UnionID 方案

随后开发者 B 要开发第三方应用 B1、B2 和 B3，并需要使用开发者 A 的第三方应用 UnionID。开发者 B 需要将第三方应用的 ClientID 交给开发者 A，开发者 A 在虚拟主体 1 中添加第三方应用 B1 和 B2。此时，第三方应用 A2、A3、B1 和 B2 可以使用相同的 UnionID。

这种方案具有很大的灵活性，不同的开发者之间可以在开放平台允许的前提下，使用相同的用户体系，实现数据共享。但是，由于该方案使开放平台多了附加功能，如虚拟主体需处理应用申请、应用移除、应用审核和虚拟主体转移等，因此开放平台也需要对相关操作进行审核，从而提高了开放平台的实现、运营、维护成本。

提示

开发者的账号可能属于个人，若开发者离职，则账号无法继续使用。这时，可以提交虚拟主体和第三方应用的转移流程，将虚拟主体和第三方应用转移到其他账号下，从而有效避免人员变动对业务造成的影响。另外，开放平台提供了虚拟主体所有权的申诉功能，开发者不能强行删除虚拟主体和第三方应用。

4.8.3 基于自增 ID 的 UnionID 方案

由于 UnionID 本质上是一种在一定范围内的第三方应用中保持一致的 OpenID 变体，所以 UnionID 的生成策略与 OpenID 的类似。下面基于前文中提到的 OpenID 生成方案，介绍对应的 UnionID 生成方案。

UnionID 是范围性的，所以生成 UnionID 的方案与 OpenID 的类似。在基于自增 ID 的 OpenID 方案中，最重要的数据结构为 OpenID、UserID 和 ClientID 的对应关系表，如示例 4.19 所示，通过该关系表可以转换 OpenID 和 UserID。

主键 ID	OpenID	UserID	ClientID
…	1	1	2d3265e7-3dec-4f53-98f8-7f1fd9af5659
…	1	1	26c71858-babe-47dd-899a-6a8008993380
…	2	2	2d3265e7-3dec-4f53-98f8-7f1fd9af5659
…	…	…	…
…	3	8	2d3265e7-3dec-4f53-98f8-7f1fd9af5659

示例 4.19　自增 ID 的 OpenID 数据结构

下面在基于自增 ID 的 OpenID 方案的基础上，介绍基于自增 ID 的 UnionID 方案。

因为 UnionID 的范围划分方式有基于开发者账号和基于虚拟主体两种，所以我们将基于自增 ID 的 UnionID 方案分为两个子方案来介绍。

1．子方案一：基于开发者账号定义 UnionID 范围

在每个开发者账号下定义一个自增 ID 生成器，同时维护 DevID（开发者账号）、UserID 与 UnionID 之间的对应关系。

由于 UnionID 和 OpenID 会同时出现在系统中，因此自增 ID 生成器生成的 UnionID 需要加上前缀“u*”，用于区分 UnionID 和 OpenID。之所以使用“u*”，是因为“*”是 URL 安全的，并且不会出现在 URL 安全的 Base64 编码中，能有效分隔字符；“u”是有意义的 UnionID 标识。

在示例 4.19 的数据结构的基础上，修改为自增 ID 的 UnionID 数据结构，如示例 4.20 所示。

主键 ID	UnionID	UserID	DevID
…	u*1	1	1
…	u*1	1	2
…	u*2	2	1
…	…	…	…
…	u*3	8	1

示例 4.20　自增 ID 的 UnionID 数据结构

当收到将 UnionID 转换为 UserID 的请求时，首先根据前缀“u*”识别 UnionID，然后通过示例 4.20 中的关系根据 ClientID 查询对应的 DevID（开发者创建了应用，所以该关系一定存在）。通过 UnionID 和 DevID 可以确定唯一的 UserID，从而获取系统用户信息。

当需要从 UserID 转换为 UnionID 时，首先获取 ClientID，然后通过 ClientID 获取对应的 DevID，最后根据 DevID 和 UserID 获取对应的 UnionID 即可。

2．子方案二：基于虚拟主体定义 UnionID 范围

在每个虚拟主体中定义一个自增 ID 生成器，同时维护虚拟主体 ID、UserID 与 UnionID 之间的对应关系，如示例 4.21 所示。同样地，为了在兼容的同时适用系统中 UnionID 和 OpenID 的情况，UnionID 增加了前缀“u*”。

主键 ID	UnionID	UserID	虚拟主体 ID
…	u*1	1	1
…	u*1	1	2
…	u*2	2	1
…	…	…	…
…	u*3	8	1

示例 4.21　UnionID 数据结构

为了能通过第三方应用确定自己所属的虚拟主体，需要通过虚拟主体的管理功能维护第三方应用与虚拟主体之间的关系，如示例 4.22 所示。

主键 ID	ClientID	虚拟主体 ID
…	1	1
…	2	1
…	3	2
…	…	…
…	8	2

示例 4.22　第三方应用数据结构

当授权系统收到将 UnionID 转换为 UserID 的请求时，首先根据前缀“u*”识别 UnionID，然后根据示例 4.22 中的数据结构，通过 ClientID 查询对应的虚拟主体 ID。通过 UnionID 和虚拟主体 ID 在示例 4.21 中的数据结构来确定唯一的 UserID。

当需要从 UserID 转换为 UnionID 时，同样先通过示例 4.22 中的数据结构，根据 ClientID 查询对应的虚拟主体 ID；再使用虚拟主体 ID 和 UserID，通过示例 4.21 中的数据结构来确定唯一的 UnionID。

4.8.4　基于 Hash 算法的 UnionID 方案

在基于 Hash 算法的 OpenID 方案中，一方面，利用 Hash 算法的特性，将 ClientID 和 UserID 作为输入，经过 Hash 算法的加工，通过 URL 安全的 Base64 算法编码，得到 OpenID。另一方面，使用 Hbase 将 OpenID 作为 RowKey 保存用户信息，从而实现从 OpenID 到 UserID 的转换。

下面在基于 Hash 算法的 OpenID 方案的基础上，介绍基于 Hash 算法的 UnionID 方案。因为 UnionID 的范围划分方式有基于开发者账号和基于虚拟主体两种，所以我们将基于 Hash 算法的 UnionID 方案分为两个子方案来介绍。

1．子方案一：基于开发者账号定义 UnionID 范围

在基于开发者账号定义 UnionID 范围时，需要使用如示例 4.23 所示的 UnionID 生成函数。

有了如示例 4.23 所示的算法后，在生成 UnionID 时，首先根据 ClientID 找到对应的 DevID；然后通过示例 4.23 中的函数计算出对应的字节数组，并通过 URL 安全的 Base64 编码进行处理；最后加上前缀“u*”得到 UnionID。

得到 UnionID 后，如果不存在从 UnionID 到 UserID 的对应关系，则会在 Hbase 中保存对应的关系，以满足从 UnionID 到 UserID 的转换。基于开发者账号生成 UnionID 的数据结构如示例 4.24 所示。

```
    public class UnionIdDemo {
            public static byte[] getUnionId(String devId, String userId)
{
                //这是一个混淆值，在实际中应该是一个固定的随机值
                String salt = "salt";
                String plainText = devId + "$$" + salt + "$$" + userId;
                byte[] data = DigestUtils.sha256(plainText);
                return data;
            }
    }
```

示例 4.23　基于开发者账号生成 UnionID 代码示例

行键	info_1（列族）			info_2（列族）			时间戳
	dev_id	user_id	…	dev_id	user_id	…	
union_id_1	dev_id_1	user_id_1	…	…	…	…	T
union_id_2	dev_id_1	user_id_2	…	…	…	…	T
union_id_3	dev_id_2	user_id_1	…	…	…	…	T

示例 4.24　基于开发者账号生成 UnionID 的数据结构

有了示例 4.24 的数据结构并在获取 UnionID 后，只需通过“u*”开头验证后，即可通过示例 4.24 的数据结构，获取对应的 UserID。

2．子方案二：基于虚拟主体定义 UnionID 范围

在基于虚拟主体定义 UnionID 范围时，需要将示例 4.23 中函数的入参改为虚拟主

体 ID，修改后的算法如示例 4.25 所示。

```
public class UnionIdDemo {
    public static byte[] getUnionId(String mainId, String userId) {
        //这是一个混淆值，在实际中应该是一个固定的随机值
        String salt = "salt";
        String plainText = mainId + "$$" + salt + "$$" + userId;
        byte[] data = DigestUtils.sha256(plainText);
        return data;
    }
}
```

示例 4.25　虚拟主体生成 UnionID 代码示例

有了如示例 4.25 所示的算法后，在生成 UnionID 时，首先，根据 ClientID 找到对应的虚拟主体 ID；然后使用如示例 4.25 所示的算法，根据虚拟主体 ID（mainID）和 UserID 计算出 UnionID 的字节数组值，并使用 URL 安全的 Base64 编码进行处理；最后在前面添加“u*”后生成最终的 UnionID。

如果得到 UnionID 和 UserID 的对应关系不存在，则会在 Hbase 中保存对应关系，以满足从 UnionID 到 UserID 的转换。

在使用 UnionID 获取 UserID 时，也是通过示例 4.24 的数据结构进行转换的。

4.8.5　基于对称加密算法的 UnionID 方案

在基于对称加密算法的 OpenID 方案中，会为每一个第三方应用生成一个密钥，如示例 4.26 所示。

主键 ID	ClientID	…	AESKey
…	2d3265e7-3dec-4f53-98f8-7f1fd9af5659	…	密钥 1
…	26c71858-babe-47dd-899a-6a8008993380	…	密钥 2
…	…	…	…

示例 4.26　对称加密算法 OpenID 的数据结构

一方面，在生成 OpenID 时，先通过该密钥将 UserID 加密，再进行 URL 安全的 Base64 编码，从而得到 OpenID；另一方面，在获取 UserID 时，将 OpenID 通过 URL 安全的 Base64 解码后，用该密钥解密，从而得到 UserID。

下面在对称加密算法的 OpenID 方案的基础上，介绍基于对称加密算法的 UnionID

方案。下面分别针对基于开发者账号和虚拟主体定义 UnionID 范围的情况进行讨论。

1．子方案一：基于开发者账号定义 UnionID 范围

在这种场景下，每个开发者在注册时，都会为该开发者的账号生成一个密钥，如示例 4.27 所示。

主键 ID	DevID	…	AESKey
…	1	…	密钥 1
…	2	…	密钥 2
…	…	…	…

示例 4.27　基于开发者账号对称加密算法 UnionID 的数据结构

当需要将 UserID 转换为 UnionID 时，首先通过 ClientID 获取所属的开发者账号；然后通过该账号对应密钥对 UserID 进行加密，并进行 URL 安全的 Base64 编码；最后在前面添加“u*”，从而得到 UnionID 值。

在获取 UnionID 并将 UnionID 前面的“u*”去掉后，首先对 URL 安全的 Base64 编码进行解码，并将其作为待解密 UnionID；然后通过 ClientID 获取所属开发者账号；最后通过该账号对应密钥对要解密的 UnionID 进行解密得到 UserID。

2．子方案二：基于虚拟主体定义 UnionID 范围

在这种场景下创建虚拟主体时，会为该虚拟主体生成一个密钥，如示例 4.28 所示。

主键 ID	mainID	…	AESKey
…	1	…	密钥 1
…	2	…	密钥 2
…	…	…	…

示例 4.28　基于虚拟主体对称加密算法 UnionID 的数据结构

当需要将 UserID 转换为 UnionID 时，首先通过 ClientID 获取所属的虚拟主体；然后通过虚拟主体对应的密钥对 UserID 进行加密，并进行 URL 安全的 Base64 编码；最后在前面添加“u*”，从而得到 UnionID 值。

在获取 UnionID 后，首先将 UnionID 前面的“u*”去掉，并将通过 URL 安全的 Base64 解码作为待解密 UnionID；然后通过 ClientID 获取所属虚拟主体；最后通过该虚拟主体对应密钥对要解密的 UnionID 进行解密，从而得到 UserID。

4.8.6 基于严格单调函数的 UnionID 方案

在基于严格单调函数的 OpenID 方案中，会为每一个第三方应用生成一个严格单调函数，如示例 4.29 所示。

ID	ClientID	…	一元一次函数
1	…	…	$y=x+1$
2	…	…	$y=-x+2$
3	…	…	$y=x+3$

示例 4.29 严格单调函数 OpenID 的数据结构

将数值型的 UserID 代入到第三方应用所对应的单调函数中，计算出函数值，并进行适当的编码，从而得到 OpenID。

在获取 OpenID 时，直接通过对 OpenID 进行解码，并将解码后的值代入到第三方应用的严格单调函数的反函数中，从而得到 UserID。

下面在基于严格单调函数的 OpenID 方案的基础上，介绍基于严格单调函数的 UnionID 方案，并分别针对基于开发者账号和虚拟主体定义 UnionID 范围的情况进行讨论。

1. 子方案一：基于开发者账号定义 UnionID 范围

在这种场景下，会为每个开发者账号生成自己对应的严格单调函数，如示例 4.30 所示。

ID	DevID	…	一元一次函数
1	…	…	$y=x+1$
2	…	…	$y=-x+2$
3	…	…	$y=x+3$

示例 4.30 基于开发者账号严格单调函数 UnionID 的数据结构

当需要将 UserID 转换为 UnionID 时，首先通过 ClientID 获取所属的开发者账号；然后通过开发者账号所对应的严格单调函数，对数值型 UserID 进行计算，并进行适当的编码；最后添加前缀“u*”，从而得到 UnionID。

在获取 UnionID 后，首先将 UnionID 前面的“u*”去掉，并进行适当解码，从而获取数值型 UnionID；然后通过 ClientID 获取所属开发者账号；最后通过该开发者账号对应的严格单调函数的反函数对数值型 UnionID 进行计算，从而得到 UserID。

2. 子方案二：基于虚拟主体定义 UnionID 范围

在这种场景下创建虚拟主体时，会为该虚拟主体生成一个严格单调函数，如示例 4.31 所示。

ID	mainID	…	一元一次函数
1	…	…	$y=x+1$
2	…	…	$y=-x+2$
3	…	…	$y=x+3$

示例 4.31　基于虚拟主体严格单调函数 UnionID 的数据结构

当需要将数值型 UserID 转换为 UnionID 时，首先通过 ClientID 获取所属的虚拟主体；然后通过虚拟主体对应的严格单调函数，以 UserID 为输入，从而得到计算结果；最后经过适当的编码，并添加前缀“u*”，从而得到 UnionID 值。

在获取 UnionID 后，首先将 UnionID 前面的“u*”去掉，并进行适当解码，从而得到数值型 UnionID；然后通过 ClientID 获取所属虚拟主体；最后通过该虚拟主体对应的严格单调函数的反函数，以 UnionID 为输入，从而得到 UserID。

4.8.7　基于向量加法的 UnionID 方案

在基于向量加法的 OpenID 方案中，将不带“-”的 UUID 当作 32 维空间中的三十一进制数表示的向量，同时定义了三十一进制运算满足向量的加法和减法运算。为每一个第三方应用生成一个不带“-”的 UUID 作为该第三方应用的唯一向量，为每个系统用户生成一个不带“-”的 UUID 作为系统用户的唯一向量，分别如示例 4.32 和示例 4.33 所示。

ID	ClientID（UUID）	…
1	…	…
2	…	…
3	…	…

示例 4.32　向量加法 OpenID 第三方应用底层数据

ID	…	UUID
1	…	…
2	…	…
3	…	…

示例 4.33　向量加法 OpenID 用户底层数据

将两个向量相加得到的向量字符化后作为 OpenID。将 OpenID 向量化结果与第三方应用向量相减，得到系统用户向量，从而获取用户信息。

下面在基于向量加法的 OpenID 方案的基础上，介绍基于向量加法的 UnionID 方案，并分别针对基于开发者账号和虚拟主体定义 UnionID 范围的情况进行讨论。

1．子方案一：基于开发者账号定义 UnionID 范围

在这种场景下，会为每个开发者账号生成自己对应的向量，如示例 4.34 所示。

ID	DevID（UUID）	…
1	…	…
2	…	…
3	…	…

示例 4.34 开发者账号数据结构

当需要将 UserID 转换为 UnionID 时，首先通过 ClientID 获取所属的开发者账号；然后将开发者账号所对应的向量与系统用户所对应的向量相加，并字符化；最后添加前缀“u*”，从而得到 UnionID。

在获取 UnionID 后，首先将 UnionID 前面的“u*”去掉，并进行向量化，从而得到向量形式 UnionID；然后通过 ClientID 获取所属开发者账号对应的向量；最后使用向量形式 UnionID 减去该向量，得到系统用户向量，从而获取用户信息。

2．子方案二：基于虚拟主体定义 UnionID 范围

在这种场景下，会为每个虚拟主体生成自己对应的向量，如示例 4.35 所示。

ID	mainID（UUID）	…
1	…	…
2	…	…
3	…	…

示例 4.35　虚拟主体数据结构

当需要将 UserID 转换为 UnionID 时，首先通过 ClientID 获取所属的虚拟主体；然后将虚拟主体所对应的向量与系统用户所对应的向量相加，并字符化；最后添加前缀“u*”，从而得到 UnionID。

在获取 UnionID 后，首先将 UnionID 前面的“u*”去掉，并进行向量化，从而得到向量形式 UnionID；然后通过 ClientID 获取该虚拟主体对应的向量；最后使用向量形式 UnionID 减去该向量，得到系统用户向量，从而获取用户信息。

4.8.8　UnionID 总结

以上几种方法均为基于 OpenID 方案生成的 UnionID 方案。基于开发者账号和基于虚拟主体定义 UnionID 范围的两种方案在实现时相差无几。

在基于开发者账号定义 UnionID 范围的方案中，可以完全不使用 OpenID。也就是说，开放平台允许一个账号下的所有第三方应用之间共享系统用户信息。在这种情况下，不需要在 UnionID 前添加前缀“u*”进行区分。

在基于虚拟主体定义 UnionID 范围的方案中，由于第三方应用默认不会属于任何虚拟主体，必然会同时存在 OpenID 和 UnionID。其中，OpenID 用来满足没有加入任何虚拟主体的第三方应用实现自身业务，而 UnionID 则用来满足在同一个虚拟主体下的所有第三方应用共享系统用户信息。

在同时使用 OpenID 和 UnionID 的系统中，如果系统在开始设计时就规划了相关功能，则建议在 OpenID 前添加前缀“o*”，在 UnionID 前添加前缀“u*”，并结合 URL 安全的 Base64 编码进行实现。

在同时使用 OpenID 和 UnionID 的系统中，如果第三方应用开启了 UnionID，则在授权成功后需要在返回信息中添加 UnionID，如示例 4.36 所示。

```
{
  "access_token":"ACCESS_TOKEN",
  "expires_in":86400,
  "refresh_token":"REFESH_TOKEN",
  "refresh_expires_in":864000,
  "open_id":"OPENID",
  "union_id":"UNIONID",
  "scope":"SCOPE",
  "token_type":"bearer"
}
```

示例 4.36　UnionID 授权示例

除此之外，还有另一种方式返回 UnionID。也就是说，在示例 4.36 的返回结果中，依然只返回 OpenID，如示例 4.37 所示。

```
{
  "access_token":"ACCESS_TOKEN",
  "expires_in":86400,
  "refresh_token":"REFESH_TOKEN",
  "refresh_expires_in":864000,
  "open_id":"OPENID",
  "scope":"SCOPE",
  "token_type":"bearer"
}
```

示例 4.37　OpenID 授权示例

开放平台通过 API 网关暴露一个使用 OpenID 换取 UnionID 的接口，供所有第三方应用通过 OpenID 换取 UnionID。这种方案可以在已经有完整的 OpenID 机制的系统中引入 UnionID 的场景，而不会对原有的授权流程有任何干扰。

具体的换取流程如下。

步骤 1 第三方应用向开放平台指定的接口发起请求参数为 ClientID 和 OpenID 的请求，从而获取对应的 UnionID。

步骤 2 开放平台收到请求后，可以使用 OpenID 和 ClientID 获取对应的系统用户信息。

步骤 3 使用 ClientID 和系统用户信息生成 UnionID，并返回给第三方应用。

第 5 章

授权码授权模式回调地址实战

授权码授权模式是常用的授权模式之一。在这种授权模式下，第三方应用会引导用户进行授权。在用户授权后，授权系统会将 code 码通过回调的方式，将其回调到第三方应用指定的回调地址上。第三方应用在获取回调请求后，可以从回调请求中获取 code 码，并在后台使用 code 码换取 access_token，从而完成整个授权流程。

回调地址有以下 3 种情况。

- 在通常情况下，授权系统会在第三方应用指定的回调地址中补充 code 和 state 值，并直接请求第三方应用。
- 在一些场景下，第三方应用指定的回调地址比较特殊，授权系统需要在指定位置补充 code 和 state 值，这时就需要使用字符替换回调地址。
- 在某些场景下，开放平台支持第三方应用在指定的上下文中对回调地址进行自定义编辑，以便满足第三方应用的业务需求，这时就需要用到 FaaS 回调地址。此时，第三方应用上传自定义的函数脚本，并基于系统和第三方应用自定义的数据信息，对回调地址进行编辑。

在分别介绍 3 种回调策略实现细节前，先针对所有的回调地址策略进行一个统一说明。

第三方应用可以配置多少回调地址？一般开放平台不会限制回调地址配置数量，因此第三方应用开发者可以按照自身实际需求进行适当配置。在基于授权码授权时，第三方应用会在获取 code 的请求中，通过传递 redirect_url 属性来明确告知授权系统使用哪个回调地址进行回调操作。授权系统在收到请求后，校验 redirect_url 参数是否在第三方应用配置的回调地址列表内，如果校验成功，则使用该回调地址进行回调。

在一些变种的授权模式下，第三方应用无法主动指定回调地址。例如，插件化授权场景，在这种场景下，要么默认回调第三方应用配置的第一个回调地址，要么是第三方应用开发者在将第三方应用发布到服务市场时指定的回调地址，其最终目的也是告知授权系统使用哪个回调地址进行回调。

5.1 普通回调地址

一般这种回调地址不允许第三方应用在回调地址后增加任何参数，并且在进行回调时，授权系统只是简单地将 code 和 state 值以参数的形式，拼接在第三方应用指定的回调地址后面，对第三方应用发起回调请求。

在普通回调地址方案中，配置如示例 5.1 所示的回调地址是非法的，而配置如示例 5.2 所示的回调地址是合法的。

```
https://example.com/callback?param=illegal
```

示例 5.1 非法的回调地址

```
https://example.com/callback
```

示例 5.2 合法的回调地址

URL 上不带任何参数，使得授权系统可以通过简单的安全策略就能保障系统整体的安全性。授权系统在收到请求后，只需验证请求是否来自合法的 URL，不需要担心由误操作，或者恶意攻击而携带的非法参数所带来的安全问题。同时，也不需要在回调地址后增加参数，因为在获取 code 的请求中，第三方应用会在请求时传递 state 值，该值已经足以解决第三方应用的一些固定参数的回调问题。因为在如示例 5.3 所示的普通回调地址中，授权系统会原封不动地将 state 值回调给第三方应用。

```
https://example.com/callback?state=##&code=##
```

示例 5.3　普通回调地址

5.2　字符替换回调地址

5.2.1　场景引入

普通回调地址能满足大多数回调场景，但是在一些特殊场景中，普通回调地址就显得力不从心了。下面以移动 App 中的第三方应用授权场景为例进行说明。

该场景下的授权流程如图 5-1 所示。

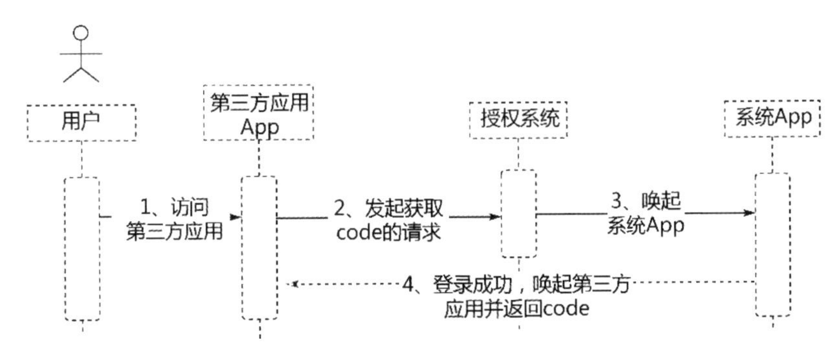

图 5-1　字符替换回调地址的授权流程

在图 5-1 中，用户在第三方应用 App 中，需要通过授权系统所属公司的 App 进行授权登录，各步骤的详细说明如下。

步骤 1 在用户打开第三方应用 App 后，第三方应用会引导用户进行授权。如图 5-2 所示，其中圈中的部分会引导用户到微信开放平台进行授权登录。

步骤 2 用户在第三方应用中，选择图 5-2 中某个第三方登录，向对应的授权系统发起授权请求，如示例 5.4 所示。在这种场景下，一般只需得到授权系统认证后的唯一用户标识即可，不需要调用一些开放平台的接口。所以，这里的 scope 为 base_scope，即只获取用户的 open_id 信息。

图 5-2 用户授权引导页面

```
    https://example.OAuth.com/OAuth
2/authorize?client_id=##&response_type=c
ode&redirect_url=##&state=##&scope=base_
scope
```

示例 5.4 获取 code 码请求示例

步骤 3 授权系统在收到示例 5.4 的请求后，通过请求终端的类型，识别到该请求是通过移动设备发起的，所以会唤起自身的 App 应用（如果用户移动设备上没有对应的 App，则会跳转到下载页面），用户需要在对应的 App 中登录（如果没有登录），并在同意授权登录后，完成权限确认流程。逻辑授权页面如图 5-3 所示。真实授权页面如图 5-4 所示。

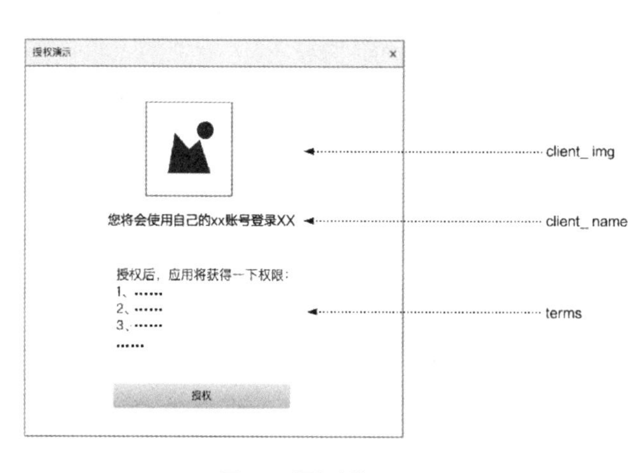

图 5-3 逻辑授权页面

图 5-4 真实授权页面

步骤 4 系统用户在授权系统所属 App 确认登录后，App 会将用户信息回调到授权系统中。授权系统将获取的用户信息与之前第三方应用请求授权信息进行融合，形成有效授权信息，并生成 code 码。以上操作均发生在授权系统所在系统 App 的内嵌 H5 页面中，所组合的信息和基于授权码模式进行授权时的一致。

步骤 5 授权系统将第三方应用指定的回调地址信息补全后，再重定向到该回调地址，从而唤起第三方应用所属 App（重定向操作发生在授权系统所属 App 中）。比较特殊的是，该回调地址并不是普通的 HTTP 或 HTTPS 回调地址，而是在移动端系统中的一种唤起 App 的协议。

在移动端系统中这种协议多种多样，这里以 openapp 协议为例，对回调地址进行说明。

基于 openapp 协议的回调地址如示例 5.5 所示。

```
xxx://virtual?params={"category":"jump","des":"unionlogin","url"
:"https://passport.yhd.com/jingdong/callback.do?code=xxx&state=xxx"}
```

示例 5.5　基于 openapp 协议的回调地址示例 1

在示例 5.5 中，xxx://virtual 是遵循 openapp 协议的 URL，在“？”后面的内容是对应参数。params 是一个 JSON 格式数据，其中 url 字段是唤起第三方应用 App 后，要在内嵌浏览器中展示页面的地址；code 和 state 值是需要授权系统在授权流程中填充的字段。

由于 openapp 协议的参数相当灵活，因此这种场景下的回调地址千变万化。示例 5.6 所示为另一个基于 openapp 协议的回调地址。

```
xxx://start.weixin?{"cmd":303,"jsonStr":{"url":"https://activity
.kugou.com/newyear2022/v-9332ec17/index.html?from=some&code=xxx&stat
e=xxx"}}
```

示例 5.6　基于 openapp 协议的回调地址示例 2

示例 5.6 也是合法的回调地址，同样需要授权系统填充 code 和 state 值。但是，示例 5.6 和示例 5.5 的结构却大相径庭。也就是说，即使都使用 openapp 协议，参数格式也可能完全不同，从而导致授权系统无法确定如何填充 code 和 state 值。

5.2.2　解决方案

为了应对这种情况，需要使用基于字符替换回调地址方案。下面将对这种方案进行详细介绍。

为了能识别到要填充 code 和 state 值的位置，需要定义特殊标记进行识别。

同时，为了防止参数在通过 HTTP 请求进行传递时产生乱码，需要对参数部分进行 URL 编码，因此也需要通过某种特殊标识，以便识别到需要进行 URL 编码的参数部分。

为了解决上面的两个问题，直接在第三方应用设置回调地址时，将回调地址中的 code=xxx&state=xxx 替换为!OPEN_CODE!，并将需要进行 URL 编码的参数部分用!OPEN_ENCODE!进行包裹。

使用该方法对示例 5.5 进行处理后，会得到如示例 5.7 所示的结果；对示例 5.6 进行处理后，会得到如示例 5.8 所示的结果。

```
    xxx://virtual?params=!OPEN_ENCODE!{"category":"jump","des":
"unionlogin","url":"https://passport.yhd.com/jingdong/callback.do?!
OPEN_CODE!"}!OPEN_ENCODE!
```

示例 5.7　回调地址编码示例 1

```
    xxx?!OPEN_ENCODE!{"cmd":303,"jsonStr":{"url":"https://activity.
kugou.com/newyear2022/v-9332ec17/index.html?from=some&!OPEN_CODE!"}}
!OPEN_ENCODE!
```

示例 5.8　回调地址编码示例 2

当第三方应用使用示例 5.7 或示例 5.8 的回调地址向授权系统发起授权请求后（第三方应用在传递时进行了 URL 编码，授权系统在收到请求后进行了 URL 解码，从而得到示例 5.7 和示例 5.8 的结果），只需进行必要的授权流程验证，即可生成 code。

在生成 code 后，首先查找回调地址中是否有被!OPEN_ENCODE!所包裹的内容。

如果没有找到被!OPEN_ENCODE!所包裹的内容，则寻找!OPEN_CODE!是否在回调地址中出现。如果!OPEN_CODE!出现，则以参数的方式将!OPEN_CODE!替换为 code=xxx&state=xxx；如果!OPEN_CODE!未出现，则直接将 code=xxx&state=xxx 以参数的形式补充到回调地址中。

如果找到被!OPEN_ENCODE!所包裹的内容，则首先将回调地址中被!OPEN_ENCODE!所包裹的内容提取出来。以示例 5.7 为例，会得到如示例 5.9 所示的结果。

```
    {"category":"jump","des":"unionlogin","url":"https://passport.
yhd.com/jingdong/callback.do?!OPEN_CODE!"}
```

示例 5.9　回调地址待处理部分

在得到示例 5.9 的结果后，首先寻找!OPEN_CODE!的位置，如果找到，则将!OPEN_CODE!替换为 code=xxx&state=xxx；如果没有找到对应的!OPEN_CODE!，则在示例 5.9 后以参数形式添加 code=xxx&state=xxx。以示例 5.9 为例，进行相关操作，会得到如示例 5.10 所示的结果。

```
{"category":"jump","des":"unionlogin","url":"https://passport.yh
d.com/jingdong/callback.do? code=xxx&state=xxx"}
```

示例 5.10　回调地址处理完成示例

最后，将示例 5.10 进行 URL 编码，并替换示例 5.7 中被!OPEN_ENCODE!所包裹的部分，从而得到最终的回调地址。

下面用代码展示整个处理流程，如示例 5.11 所示。

```
/**
 * 回调地址处理类，用来针对字符替换类型回调地址中的相关字符进行替换
 */
public class RedirectUrlBuildUtil {
    public static final String OPEN_CODE = "!OPEN_CODE!";
    public static final Pattern ENCODE_PATTERN = Pattern.compile
("!(OPEN_ENCODE)!.*?!\\1!");
    /**
     * 该方法用来对回调地址中的字符进行替换，生成可以使用的回调地址
     * @param redirectUrl 要处理的回调地址
     * @param code 生成的 code 码
     * @param state 回调的 state 值
     * @return 处理后的回调地址
     */
    public String redirectUrlBuilder(String redirectUrl, String
code, String state) {
        // 匹配 OPEN_ENCODE 标识位，如果有需要，则进行 URL 编码
        Matcher matcher = ENCODE_PATTERN.matcher(redirectUrl);
        String url = null;
        if (matcher.find()) {
            /*
             * 如果找到被!OPEN_ENCODE!所包裹的内容，则只对包裹中的内容进行处理
             * */
            String groupStr = matcher.group();
            // 对匹配到的内容进行处理
            String tmpUrl = addcodeStr(groupStr.replaceAll
(SystemConstant.JOS_ENCODE, ""), code, state);
```

```
            //将结果替换为被!OPEN_ENCODE!所包裹的内容，并进行 URL 编码
            url = matcher.replaceAll(UrlUtil.encode(tmpUrl));
        } else {
            /*
             * 如果没有找到，则寻找 OPEN_CODE 的位置，找到并替换；如果找不到，
则直接在末尾进行参数补齐
             * */
            url = addcodeStr(redirectUrl, code, state);
        }
        return url;
    }
    /**
     *
     * @param redirectUrl 回调地址
     * @param code 生成的 code 码
     * @param state 回调的 state 值
     * @return 补充了 code 和 state 值后的回调地址
     */
    private String addcodeStr(String redirectUrl, String code, String
state) {
        if (redirectUrl != null) {
            StringBuilder codeUrlBuilder = new StringBuilder();
            /*对回调地址进行解码*/
            redirectUrl = UrlUtil.decode(redirectUrl);
            /*生成 code 和 state 字符
             *
             * 如果回调地址中已经存在“?”，则会生成&code=xxx&state=xxx
             * 如果回调地址中不存在“?”，则会生成?code=xxx&state=xxx
             * */
            codeUrlBuilder.append(linkChar(redirectUrl))
                    .append("code=").append(code)
                    .append("&state=").append(state);
            /*获得 code 和 state 字符*/
            String codeStr = codeUrlBuilder.toString();
            /*如果存在，则直接替换*/
            if (redirectUrl.contains(OPEN_CODE)) {
                return redirectUrl.replace(OPEN_CODE, codeStr);
            } else {
                /*在末尾进行添加*/
                return redirectUrl + codeStr;
            }
```

```
        }
        return null;
    }
    /**
     * @param redirectUrl 回调地址
     * @return 如果 {@param redirectUrl} 包含“?”，则返回“&”，否则返回“?”
     */
    private String linkChar(String redirectUrl) {
        return (StringUtils.isNotBlank(redirectUrl) && redirectUrl.
contains("?")) ? "&" : "?";
    }
}
```

示例 5.11　字符替换回调地址代码示例

下面针对不同形式的回调地址分别进行举例，说明示例 5.11 中程序的作用，也作为前文整个字符替换方式回调地址描述的补充。

【例 1】

当第三方应用配置的回调地址为 xxx://virtual?source=open 时，经过处理后会返回的回调地址为 xxx://virtual?source=open&code=xxx&state=xxx。

【例 2】

当第三方应用配置的回调地址为 xxx://virtual 时，经过处理后会返回的回调地址为 xxx://virtual?code=xxx&state=xxx。

【例 3】

当第三方应用配置的回调地址为 xxx://virtual?!OPEN_CODE!&source=open 时，经过处理后会返回的回调地址为 xxx://virtual?code=xxx&state=xxx&source=open。

【例 4】

当第三方应用配置的回调地址为 xxx://virtual?params=!OPEN_ENCODE!{"category":"jump","des":"unionlogin","url":"https://passport.yhd.com/jingdong/callback.do?!OPEN_CODE!"}!OPEN_ENCODE!时，经过处理后会返回的回调地址为 xxx://virtual?**params=%7B%22category%22%3A%22jump%22%2C%22des%22%3A%22unionlogin%22%2C%22url%22%3A%22https%3A%2F%2Fpassport.yhd.com%2Fjingdong%2Fcallback.do%3Fcode%3Dxxx%26state%3Dxxx%22%7D**。

其中，黑体部分由于被!OPEN_ENCODE!所包裹，因此进行了 URL 编码处理。

作为对比，当第三方应用配置的回调地址为 xxx://virtual?params={"category":"jump", "des":"unionlogin","url":"https://passport.yhd.com/jingdong/callback.do?!OPEN_CODE!"}时，经过处理后会返回的回调地址为 xxx://virtual?**params={"category":"jump","des":"unionlogin","url":"https://passport.yhd.com/jingdong/callback.do?code=xxx&state=xxx"}**。

其中，黑体部分由于并没有被!OPEN_ENCODE!所包裹，因此没有进行 URL 编码。

5.2.3 基于字符替换的回调地址方案总结

通过字符替换回调地址方案，第三方应用可以在任意位置存放 code 和 state 值，这也就意味着第三方应用的回调地址可以更加个性化。

字符替换回调地址已经能满足绝大多数的回调地址场景，但是在一些特殊的场景中，第三方应用可能希望对回调地址在回调时进行更多的自主控制。

例如，希望对回调地址上的 URL 进行签名，防止 URL 参数被黑客篡改。

针对以上需求，可以使用 FaaS 回调地址的方式进行满足。下面将对 FaaS 回调地址方案进行讨论。

5.3 自定义函数回调地址

5.3.1 FaaS 简介

FaaS 目前是自定义函数运用的常见模式，下面将通过 FaaS 的介绍引出自定义函数的概念。

FaaS（功能即服务/函数即服务）是一种云计算服务。通过 FaaS 提供的功能，开发者可以自定义函数脚本，并上传到服务端执行，最终获取相应结果。在整个调用过程中，开发者不需要关心如何构建和启动类似微服务应用程序相关的复杂基础设施。

在一般情况下，如果需要在互联网上发布一个应用，则需要配置并维护一套虚拟或物理设备，并在其上构建一套操作系统，用来部署自己的 Web 应用程序。

在使用 FaaS 以后，这些物理硬件、虚拟机、操作系统，以及运行在其上的 Web 应用程序，都由云服务商进行管理，开发者只需关注于自己要实现功能的函数本身即可。

FaaS 是 Serverless 的一个子集，Serverless 关注所有的服务范畴，包括计算、存储、数据库、消息发送及 API 网关等，而且这些服务的配置、管理和计费，对开发者都是不可见的。

FaaS 作为子集，是整个 Serverless 的核心结构，主要关注于提供一个函数到云端容器中，完成请求到返回值的转换。

FaaS 具有以下特点。

- FaaS 中的应用逻辑单元都可以看作一个函数，开发人员只关注如何实现这些逻辑，工作全部聚焦在函数上，而非应用整体。
- FaaS 是无状态的，天生满足云原生应用应该满足的 12 因子中对状态的要求。无状态意味着本地内存、磁盘里的数据无法被后续的函数所使用。函数对状态的维护需要依赖外部存储，如数据库、网络存储等。
- 只需对函数运行时的资源进行付费。也就是说，在使用 FaaS 时，只有函数运行时才会消耗资源，当请求被返回后，所有的资源都被释放，不会有任何代码继续运行，也不会有任何服务处于空闲状态。也就是说，不需要付出任何代价维护相关内容。这种模式比较适合用户调用量比较小的创业型开发者。对于那些调用量大的成熟应用，云平台一般会提供按时间付费的选项。
- 能自动伸缩。由于所有资源都由云平台维护，开发者的函数可以在云平台配置的范围内，按照流量等条件部署到相应数量级的容器中运行，在用户访问量增长和下降时都能有良好的体验，并且有效节省资源。
- FaaS 函数启动延时会受到很多因素的干扰。如果采用 JS 或 Python 这类的脚本语言，则它的启动时间一般不会超过 100 毫秒。如果基于 JVM 这类的编译型语言所构建的 Docker 容器，则启动时间会较长。
- FaaS 需要借助 API 网关，将请求路由到对应函数中进行处理，并将相应结果返回给调用方。
- 继承了所有云基础设施所提供的好处。FaaS 中的函数可以随着云基础设施的拓扑部署在多个机房区域，甚至不同的地理区域中，而且部署时不会有任何额外的代价。不过，前提是函数本身要输出的结果只依赖于输入，不需要使用任何外部资源。这是因为一旦使用了外部资源，函数部署就需要考虑对这些外部资源访问的能力，是否还能保留，最坏的情况需要这些资源之间进行数据同步。

FaaS 的运行架构如图 5-5 所示。

在图 5-5 中，将客户端所依赖的资源都抽象为服务，如图中的认证服务、数据库服务和文件存储服务。开发者会上传自己定义的函数到云平台，并对函数进行编排形成调用链，最后将调用链绑定到 API 网关。当 API 网关收到外部请求后，会根据配置策略创建函数容器执行请求，并返回结果到客户端。在结果返回后，会根据配置策略决定是否销毁掉函数容器并释放资源。图 5-5 中的函数都使用了数据库资源。

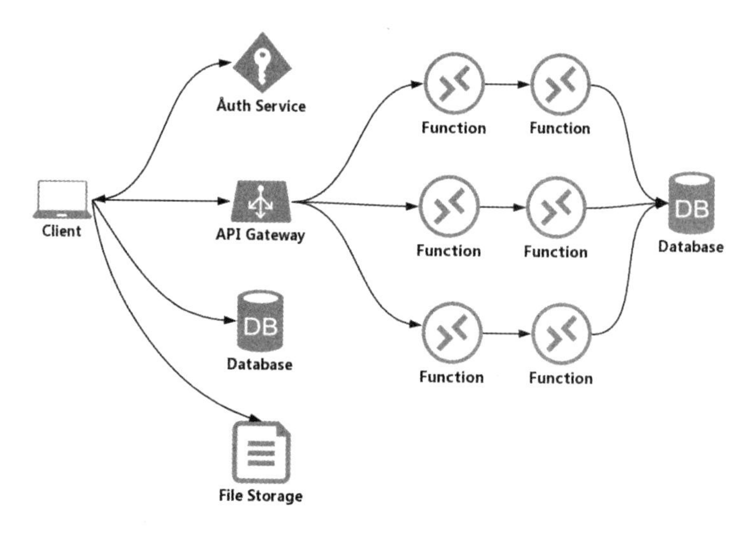

图 5-5　FaaS 的运行架构

这样的拆分除了使各个组件（函数）间充分解耦，每个组件都很好地实现单一职责原则（Single Responsibility Principle，SRP），还有如下优点。

- 减少开支。通过购买共享的基础设施，减少了花费在运维上的人力成本，最终减少了开支。
- 减轻负担。不再需要重复“造轮子”，需要什么功能直接集成调用即可，也无须考虑整体的性能，只需专注于业务代码的实现。
- 易于扩展。云平台提供了自动的弹性扩展，用了多少计算资源，就购买多少，完全按需付费。
- 简化管理。自动化的弹性扩展、打包和部署的复杂度降低、能快速推向市场，这些都使管理变得简单、高效。
- 环保计算。即使在平台的环境上，仍习惯于购买多余的服务器，最终导致空闲。FaaS 杜绝了这种情况。

5.3.2　FaaS 实践

本小节重点关注在落地过程中的“函数”是如何实现的。

在实际使用 FaaS 时，首先需要定义函数。定义一个函数最重要的 3 个要素为入参、出参，以及函数处理逻辑。

其中，函数处理逻辑受限于编程语言，以及入参和出参。因为在函数处理逻辑中，只能从入参获取信息，并使用出参将信息传递出去。为了有效规范函数使用，一般入参和出参都会被云平台预先定义，定义一般如示例 5.12 所示。

```
def any_fun(context, event):
    """
    :param context: 函数运行上下文、保存系统，以及开发者自己在系统中存储的 kv
信息
    :param event: 函数入参
    :return: result 返回结果
    """
    result = None
    # do some thing with event and context
    return result
```

示例 5.12　自定义函数脚本

示例 5.12 中部分参数的含义如下。

- context：为函数运行上下文，是系统自动传入的值。在该上下文中，包含一些系统默认会提供的信息，如用来访问数据库服务或其他资源的 SDK 和客户端 IP 等信息。
- event：客户端的请求参数。

开发者在定义函数时，需要遵循示例 5.12 的模式，为自己的函数在命名空间中取一个唯一且合法的函数名。最后将函数脚本上传到服务端，调试通过后，通过发布流程上传函数。

由于授权系统并不是云平台，因此对于 FaaS 的实现并不会考虑所谓的动态伸缩和计费等问题。在授权系统中，使用 FaaS 更像是一种云函数的模式，会允许第三方应用根据规则上传自己的函数到服务端，并进行调用。

5.3.3　自定义函数回调地址实践

在通过 FaaS 了解了自定义函数的相关概念后，下面介绍基于自定义函数回调地址方案。方案整体流程如图 5-6 所示。

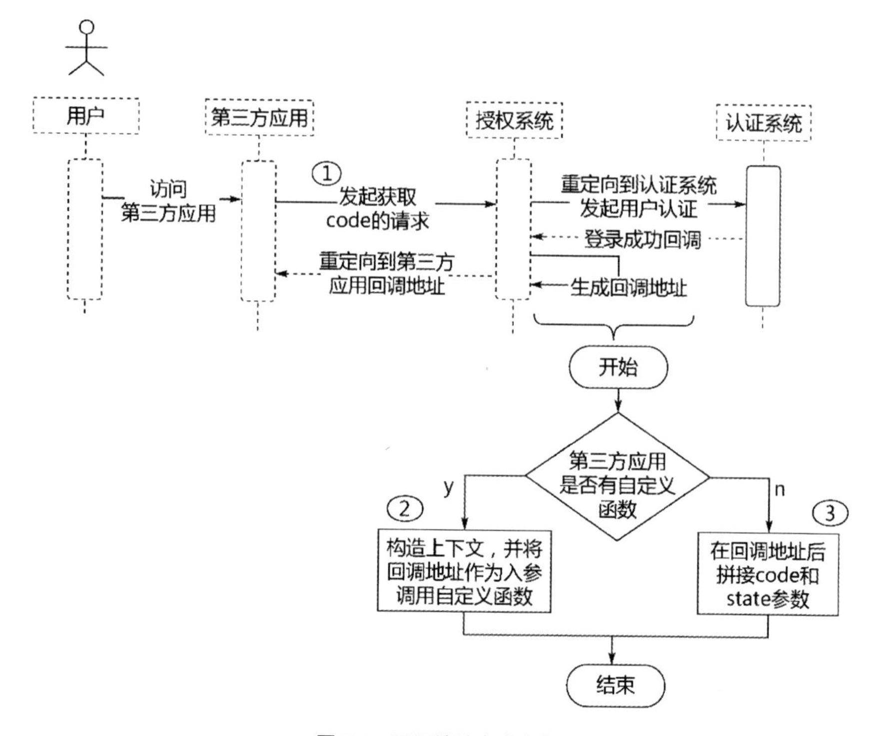

图 5-6　回调地址生成流程

下面对其中相关步骤进行说明。

步骤① 第三方应用上传自定义函数，用来生成回调地址。

自定义函数的入参会包含 code、state 和回调地址模板信息，上下文信息中还包含系统资源和第三方应用自定义资源。最后在独立环境中，根据入参执行第三方应用自定义脚本，以便获取回调地址。

在上下文信息中，系统资源主要会包含授权系统提供的 SDK，用来提供一些资源的访问能力，以及一些工具函数的使用。此外，还会包含用户自定义的数据和函数。所以，授权平台要为第三方应用提供数据上传能力和自定义函数上传能力。其中，数据上传能力会支持 kv 模式的数据存储；自定义函数上传规则与回调地址自定义函数类似。

步骤② 第三方应用发起授权，获取 code 的请求，如示例 5.13 所示。

```
https://example.OAuth.com/OAuth 2/authorize?client_id=
##&response_type=code&redirect_url=##&state=##&scope=##
```

示例 5.13　获取 code 的请求

这里的请求就是普通的基于 code 的请求链接。不同之处在于，其中的 redirect_url 可以携带任意的、存在于自己应用的回调地址列表中的回调地址模板。同时，为了能有效进行复杂参数传递，第三方应用需要对 redirect_url 进行 URL 编码。

如果第三方应用没有上传自定义函数，则会采取降级方案。在图 5-6 中使用的是最简单的方式，即在回调地址后面直接拼接 code 码和 state 参数，也可以根据业务复杂度，降级到 5.2 节的字符替换回调地址方案。

下面用一个具体例子来说明基于自定义函数生成回调地址的过程。内容如示例 5.14 所示。

```
def demo_fun(context, event):
    """
    :param context: 函数运行上下文、保存系统，以及开发者自己在系统中存储的
kv 信息
    :param event: 函数入参
    :return: 返回结果
    """
    # 从入参中获取回调地址模板
    redirect_url = event.redirect_url
    # 从入参中获取经过用户授权以后生成的 code
    code = event.code
    # 回调 state 值
    state = event.state
    # 授权系统提供的 SDK
    sdk = context.sdk
    # 第三方应用的 app_secret，在注册第三方应用时的唯一配置
    app_secret = context.datas.get('app_secret')
    # 使用 SDK 自带的签名功能，使用 MD5 算法以 app_secret 为盐（salt）值，对
code 和 state 进行签名
    sign = sdk.sign("md5", app_secret, (code, state))
    # 拼接回调地址
    result = redirect_url + "?" + "code=" + code + "&state=" + state
+ "&sign=" + sign
    return result
```

示例 5.14　为回调地址增加签名程序示例

示例 5.14 中的函数是一个为回调地址参数增加签名的函数，该函数使用 SDK 提供的签名功能对回调地址中的 code 和 state 进行了签名。同时，使用 context 中的 datas 获取上下文数据中的 app_secret 作为签名的盐值。最后将各个参数拼接成最终回调地

址。这个例子比较简单，但是已经可以清楚地展示自定义函数的强大功能。

这里提到了签名，因为签名在开放平台业务中是一个比较重要的主体，很多请求都需要加签和验签来保障参数在传递过程中没有被篡改，在后文中会进行相关介绍。

自定义函数回调地址方案使第三方应用拥有更灵活的回调地址生成能力，因此在授权系统提供的函数运行环境中，第三方应用可以任意 DIY。

但是，授权系统要实现这套能力，需要实现很多复杂的功能。例如，第三方应用需要能上传自定义函数，能上传自定义数据，有一套完整的自定义函数运行环境等。同时，上传的自定义函数，也需要进行安全校验，防止系统被恶意攻击。

5.3 节主要介绍了回调地址生成的各种方案，这些方案中回调地址生成的自由度逐渐增加，实现起来也更加复杂。这 3 种回调地址方案并没有优劣之分，在实际应用时，只需选择能满足自身业务场景的方案即可。也就是说，越往后实现起来越复杂，也越灵活；反之，实现起来更加简单，但是提供的能力更加单纯。

5.4 code 生成方案

本节主要介绍 code 生成方案。在上面 5.1 节、5.2 节和 5.3 节中介绍了不同的回调地址生成方案，但所有回调地址中都会包含 code，那么 code 应该如何生成呢？

code 生成方案千变万化，既可以是简单的全数字，也可以是字符数字组合；可以很长也可以很短。本节主要介绍基于随机数和 UUID 的两种 code 生成方案。

5.4.1 基于随机数生成 code 方案

基于随机数生成 code 方案，整体思想比较朴素。在给定随机数值的取值范围，以及要生成的 code 长度后，在指定取值范围内的数值中，随机选取 *n* 次（*n* 为 code 长度），最终得到要使用的 code。

在如示例 5.15 所示的随机生成 code 的代码示例中，展示了使用随机数生成 code 的过程。该代码中提供了两种生成随机数 code 的方法，其核心原理都是生成一个长度为 code 长度的随机数数组，使用随机数数组中的对应数值，在字典表中取对应位置的字符作为该位的 code 字符。代码中的 verifierBytes[i]&0xFF 是为了保障高位不被污染，而%DEFAULT_CODEC.length 是为了解决随机生成的数值超出字典表长度的问题。

```
/**
 * 用来生成随机 code
 * */
public class RandomString {
    /**
     * 随机数值范围，所有随机数值只能在该范围内进行选取
     * */
    private static final char[] DEFAULT_CODEC = "1234567890".toCharArray();
    /**
     * 默认使用安全随机数
     * */
    private static Random random = new SecureRandom();
    /**
     * 默认长度为 12bit
     * */
    private static int length = 12;
    /**
     * 生成一个随机 code，使用默认长度 12bit
     */
    public static String generate() {
        return generate(length);
    }
    /**
     * 生成一个随机 code，可以指定长度
     */
    public static String generate(int length) {
        //创建一个指定长度的空 byte 数组
        byte[] verifierBytes = new byte[length];
        //使用随机函数填充 byte 数组
        random.nextBytes(verifierBytes);
        //获取对应字典中的字符
        return getAuthorizationcodeString(verifierBytes);
    }
    /**
     * 将 byte 数组转换为 DEFAULT_CODEC 字典中由字符组成的字符串
     */
    private    static    String    getAuthorizationcodeString(byte[]
verifierBytes) {
        //创建相同长度的字符数组
        char[] chars = new char[verifierBytes.length];
        //遍历 byte 数组，兑换对应的字符并填充到字符数组中
        for (int i = 0; i < verifierBytes.length; i++) {
            chars[i] = DEFAULT_CODEC[((verifierBytes[i] & 0xFF) %
```

```
DEFAULT_CODEC.length)];
        }
        return new String(chars);
    }
     /**
     * 自定义默认随机算法
     */
    public static void setRandom(Random random) {
        RandomString.random = random;
    }
    /**
     * 自定义默认 code 长度
     */
    public static void setLength(int length) {
        RandomString.length = length;
    }
}
```

示例 5.15　随机生成 code 的代码示例

运行示例 5.15 中的代码 10 次，所得到的结果如示例 5.16 所示。

```
public static void main(String[] args) {
    for (int i = 0; i < 10; i++) {
        System.out.println(RandomString.generate(5));
    }
}
```

```
/Library/Java/JavaVirtualMachines/jdk-11.0.8.jdk/Contents/Home/bin/java ...
68378
55132
43848
30094
61486
98524
98092
15141
48605
52714

Process finished with exit code 0
```

示例 5.16　随机生成 code 程序的运行结果示例

5.4.2　解决随机 code 冲突

当前默认字典表为“1234567890”，如果生成 5 位的 code，则一共有 100 000 个

code 可以循环使用，虽然 code 一般都只有 5 分钟的有效时间，但是 100 000 个 code，在并发量较高的情况下，依然会出现重复，也就是 code 冲突。

解决 code 冲突的办法就是重新生成 code，直到在有效期内的所有 code 都与当前生成的 code 不同时，便得到可用 code。但是，重新生成 code 会造成系统资源浪费，以及用户等待时间变长等问题，所以在实际生产中需要降低冲突发生的可能性。

降低 code 冲突可能性的方案有以下几种。

1．方案一：增加 code 长度

例如，字典表为“1234567890”，将 5 位的 code 增加到 12 位以后，code 的可循环利用范围就变成了 1 000 000 000 000（1 万亿），冲突的可能性大大降低。

长度增加虽然降低了冲突概率，但是存储和网络传输上的压力会相应增加，所以 code 的长度也不是越长越好。

2．方案二：增加字典长度

例如，将字典由“1234567890”修改为更长的字典“1234567890ABCDEFGHIJKLMNOPQRSTUVWXYZabcdefghijklmnopqrstuvwxyz”后，同样是 5 位的 code，可循环使用的 code 的范围是 62^5，约为 9 亿。

但是，由于 code 要显示在 URL 的参数上，因此 code 中的字符必须为 URL 安全的可见字符。而这样的字符是有限的，所以字典长度有最大值。

3．方案三：缩小 code 作用域

没有任何域限制的 code 在进行信息缓存时，会将 code 作为 key 值，如示例 5.17 所示。

```
key:code
value:
{
  "client_id":"7c6bdb6a3f1049b893a4a6294e241110",
  "redirect_url":"https://www.example.com",
  "response_type":"code",
  "scope":"base_info,shop_operate",
  "state":"my_sate",
  "pin":"fake_pin",
  "shop_id":"fake_shop"
}
```

示例 5.17　没有任何域限制的 code

这就要求 code 必须全局唯一。但是在实际业务场景中，code 必然属于某个第三方应用。因此，在生成 code 时，授权系统知道是在为哪个第三方应用生成 code，而在使用 code 时，授权系统也知道是哪个第三方应用在消费该 code。也就是说，每个第三方应用完全可以有一套自己独立的 code 域，并保障在自己 code 域内，code 不发生冲突即可。

实现 code 作用域最简单的方式就是在 key 前加上 ClientID 前缀。这样即便是不同的第三方应用获取相同的 code，也不会发生冲突。加域限定后的 code 如示例 5.18 所示。

```
key:ClientID#code
value:
{
  "client_id":"7c6bdb6a3f1049b893a4a6294e241110",
  "redirect_url":"https://www.example.com",
  "response_type":"code",
  "scope":"base_info,shop_operate",
  "state":"my_sate",
  "pin":"fake_pin",
  "shop_id":"fake_shop"
}
```

示例 5.18　加域限定后的 code

以上 3 种方案都能在一定程度上降低 code 发生冲突的概率，在实际生产中，可以将这 3 种方案结合起来使用。

但是，无论如何检测 code 是否重复的操作不能省略。因为概率低，并不等于不可能发生。并且在使用 code 时，一定要检查 code 所对应的缓存信息中的 client_id 是否与当前的 ClientID 一致，以防止某个第三方应用的 code 失效后，获取其他第三方应用的 code 进行消费。

5.4.3　基于 UUID 生成 code

UUID 的相关内容在前文中已经进行了介绍，总体来看，UUID 其实就是一种特殊的、全局唯一的随机数。由于这种全局唯一的特性，使用 UUID 生成的 code 完全不会重复，从而避免 code 冲撞检测，能减少一次 I/O 请求。但是生成的 code 比较长，固定为 36 位，对于网络传输和存储压力较大。

使用随机数和 UUID 生成 code 时的流程对比，如图 5-7 所示。

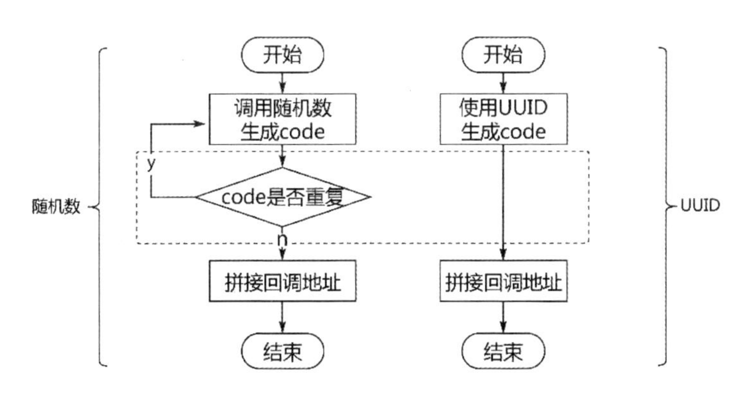

图 5-7　使用随机数和 UUID 生成 code 时的流程对比

在一些较老的授权系统中，随机数生成 code 仍然在发光发热，而在一些新的授权系统中，多数选用了 UUID 作为 code。主要原因是，现在计算机硬件和网络基础设施对于保存和传输像 UUID 这样的 code 已经毫无压力。

5.5　code 消费

5.5.1　标准 code 消费策略

code 生成后，一般会保存在 kv 数据库中，结构如示例 5.17 所示。其中，key 为 code，value 为使用 code 生成 access_token 的必要信息。当授权系统收到第三方应用所发出的使用 code 换取 access_token 请求（见示例 5.19）时，需要从 code 中拿到相应信息生成 access_token。

```
https://example.OAuth.com/OAuth 2/access_token?client_id=
##&client_secret=##&code=#& grant_type=authorization_code
```

示例 5.19　使用 code 换取授权信息

在前文中提到过 code 只能消费一次，也就是说，当授权系统收到如示例 5.19 所示的请求时，授权系统使用 code 获取对应的生成 access_token 所需信息后，就会将对应缓存删除。缓存删除后，第三方应用不能再使用该 code 获取 access_token 信息。

这样做的好处是，可以有效避免恶意攻击。当第三方应用使用一个有效期内的

code，重复请求授权系统获取 access_token 时，授权系统会应答第一次请求，而后面的请求，由于缓存失效会快速失败。

同时，由于 code 存在有效期（在前文中，规定了 code 的有效期为 5 分钟），当 code 到期后，第三方应用同样不能使用该 code 获取 access_token 信息。

设想一个第三方应用一直恶意生成 code，却不消费 code 获取 access_token，那么，如果不给 code 设置过期时间的话，服务器的存储资源将会在某一个时刻耗尽。也就是说，code 存在有效期可以在一定程度上保护服务器的存储资源。

综上所述，默认 code 只能使用 1 次，并且 5 分钟内过期。该策略可以在有效提供授权服务的前提下，有效保护授权系统的安全稳定。但是，在一些特殊的场景下，这些默认条件可能需要进行必要修改，以便满足实际业务场景要求。

5.5.2 code 消费策略优化

由于第三方应用引导用户进行的授权流程是在互联网环境中完成的，在这个过程中，涉及服务端和客户端的交互，那么因网络而导致的信息丢失是在所难免的。

在这种前提下，第三方应用通过示例 5.19 的请求。在使用授权系统回调的 code 换取 access_token 时，授权系统已经消费了 code 并成功生成 access_token，但是在 access_token 返回第三方应用时，由于网络原因，导致第三方应用没有收到 access_token，最终第三方应用会因请求超时而失败。

这种因网络而导致的请求失败是无法避免的，所以很多客户端会有重试机制。通常在收到请求超时错误后，会基于一些重试算法进行若干次请求重试，尝试获取正确结果。但是，在通过 code 获取 access_token 的默认场景下，code 只能被使用一次，这就会导致后面重试的请求会收到“无效 code”的错误提示。也就是说，授权系统并没有保证通过 code 获取 access_token 请求的幂等性，交互流程如图 5-8 所示。

在收到“无效 code”的错误提示后，第三方应用只能重新发起授权流程获取新的 code。这个过程需要用户重新进行授权，从而导致用户体验下降。

下面介绍几种优化策略，以避免出现上述问题。

1. 增加 code 消费次数

相比于每个 code 只能消费一次，适当增加 code 被消费的次数，可以避免因各种原因导致的用户重新授权。

下面以 Redis 为缓存介质来介绍该方案，交互流程如图 5-9 所示。

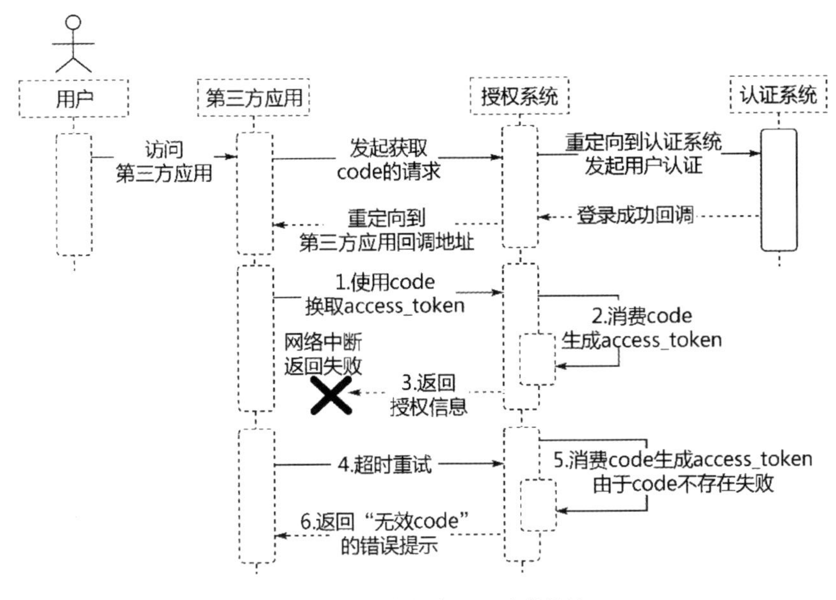

图 5-8　网络中断时 code 失效场景

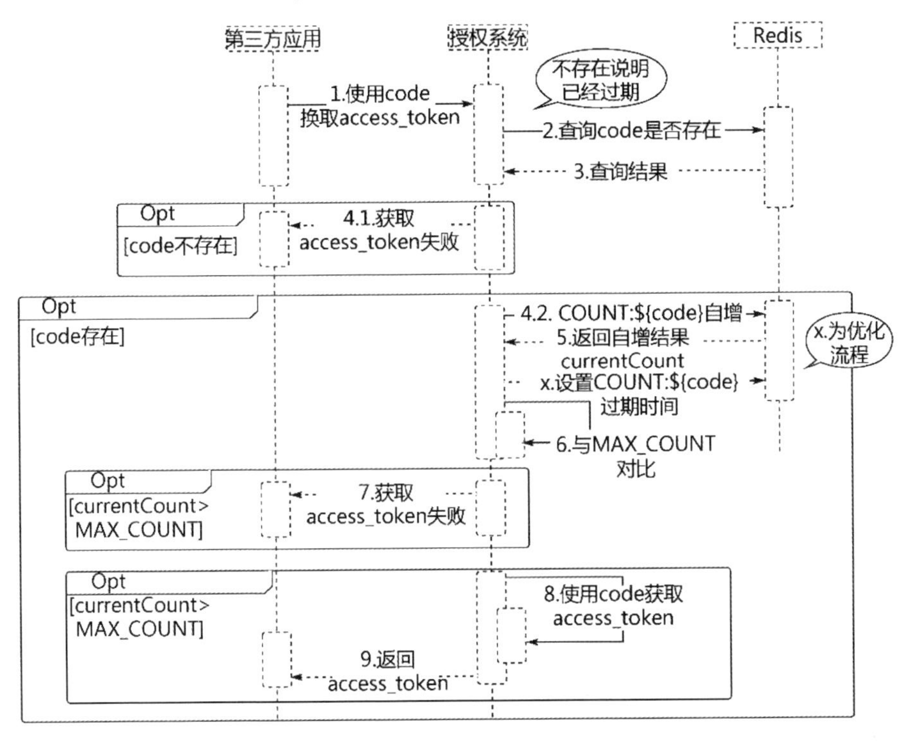

图 5-9　可多次消费 code 系统的交互流程

图 5-9 中各步骤详情如下。

步骤 1 第三方应用使用 code 换取 access_token，对应图 5-9 中第 1 步。

步骤 2 授权系统以该 code 为 key（基于全局唯一 code 生成方案），获取生成 access_token 的信息，对应图 5-9 中第 2 步和第 3 步。

步骤 3 授权系统使用 code 获取 access_token。

如果在图 5-9 中前 3 步获取的信息为空，则证明 code 已经过期失效，直接返回失败信息，对应图 5-9 中第 4.1 步。

如果获取的信息不为空，则在 Redis 中对 COUNT:${code}（${code}表示对应 code）所对应 key 的 value 值自增 1，并获取自增后的结果 currentCount（Redis 有相应命令），对应于图 5-9 中第 4.2 步和第 5 步。

接着使用 currentCount 与事先配置好的全局变量 MAX_COUNT 进行对比，对应图 5-9 中第 6 步。如果 currentCount 比 MAX_COUNT 大，则说明 code 已经超过了限制的重复使用次数，直接返回失败信息，对应图 5-9 中第 7 步。反之，则说明 code 还可以继续使用，因此可以按照正常流程使用 code 对应信息获取 access_token，并返回给第三方应用，对应图 5-9 中第 8 步和第 9 步。

通过该方案，可以允许第三方应用使用相同 code 在允许范围内进行重试，在一定程度上避免一些因为超时而导致用户需要重新进行授权情况的出现。如果网络确实不稳定，则依然会出现需要用户重新授权的情况。

为了有效支持该方案，还需要保证 access_token 生成过程的幂等性。也就是说，在重复使用 code 来换取 access_token 时，如果没有有效的 access_token，则生成新的 access_token；如果有有效的 access_token，则不需要再生成新的 access_token，只需返回当前有效的 access_token 信息即可。

基于该方案，在使用 code 获取 access_token 后，不会删除 code（见图 5-9 中第 8 步），code 需要等到过期以后才会被删除，这就延长了 code 在存储系统中的生命周期，在一定程度上会浪费系统存储资源。

我们可以通过适当缩短 code 有效期来缓解相关问题。例如，将 code 过期时间设置为 2 分钟或更短，这样缩短有效期，一般不会对第三方应用造成较大的影响。这是因为一般第三方应用在拿到 code 后，都会立刻使用 code 换取 access_token。

最后，该方案在极端场景下存在一些瑕疵。比如，在图 5-9 中第 3 步查询 code 缓存信息时，虽然 code 还处在有效期内，但是当执行图 5-9 中第 4.2 步对 COUNT:${code}进行自增时，code 已经失效。

在这种情况下，code 和 COUNT:${code}都已经不存在了（在初始化 code 时，已经初始化了 COUNT:${code}为 0 并设置了和 code 相同的过期时间），但是 Redis 对不存在的 key 进行自增操作时，会先生成该 key 并初始化为 0，再进行自增操作。那么，结果会是 COUNT:${code}所对应的值被设置为 1，并且没有过期时间。在这种临界条件下，虽然 access_token 能正常返回第三方应用，但是会给系统造成垃圾数据（所有在该极端情况下生成的 COUNT:${code}都会一直保存在存储系统中）。

为了解决这个问题，可以在每次自增操作完成后，为 code 计数器所对应的 COUNT:${code}重新设置过期时间为 code 过期时间，对应图 5-9 中第 x 步。这样虽然 COUNT:${code}不能与 code 同时过期，但是也能在有限时间内过期，最终释放存储资源。并且 code 在初始化时，会初始化对应计数器 COUNT:${code}的值为 0，并设置过期时间，却不会对随机数方案这种 code 重复出现的情况造成影响。

2. 完全不限制 code 消费次数

这种方案下，只要 code 在有效期内，第三方应用就能一直使用相同 code 获取 access_token。

在这种方案下，如果 code 泄露或者第三方应用进行恶意攻击，不停地使用 code 获取 access_token，则会给服务器带来巨大压力，在极端条件下可能导致服务器崩溃。

所以，这种方案需要与一定的安全策略结合起来使用。最常用的方案就是 IP 白名单方案。

在第三方应用创建时，要求第三方应用填写 IP 白名单，这样只有在白名单中的 IP 地址，才能使用 code 获取 access_token。也就是说，即使 code 泄露，黑客拿到 code 后，由于傀儡机并不在 IP 白名单中，黑客所发送的请求会直接被系统拦截。

同时，授权系统会有相应监控系统，如果发现白名单中的 IP 异常使用 code，则可以通过监控系统将 IP 从白名单中转移到黑名单中（这个过程可以通过设置一些阈值来实现自动触发），从而避免第三方应用进行恶意攻击。整个交互流程如图 5-10 所示。

在图 5-10 中，IP 白名单的作用发挥在②框选的交互流程中，即使用 code 获取授权 access_token 的交互流程中。而①框选的交互流程，是不进行 IP 白名单限制的，即用户访问第三方应用，第三方应用发起鉴权流程来获取 code，因此该交互流程是不进行 IP 白名单限制的。

因为在①框选的交互流程中，向授权系统发起请求的是用户的 PC 端（或其他电子设备），如果在这里进行了 IP 白名单限制，则相当于限制了第三方应用的用户群体。这对于一个要广泛应用的第三方应用来说，是无法接受的。

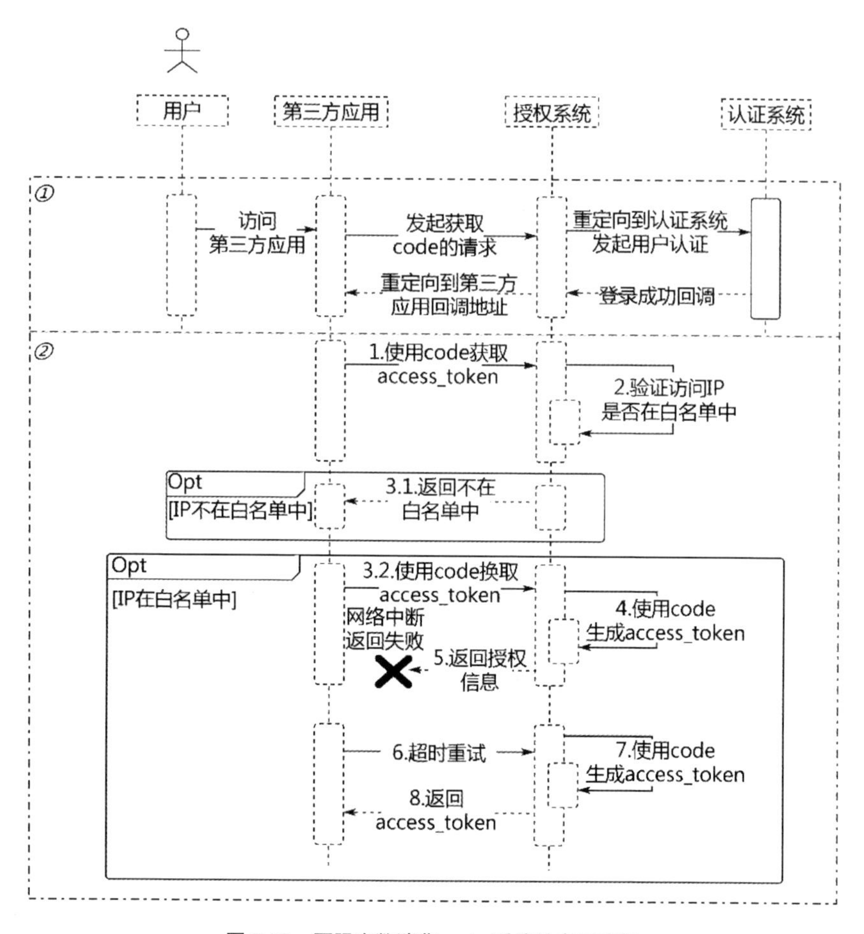

图 5-10　不限次数消费 code 系统的交互流程

同时，当在该步骤中获取 code 时，需要用户进行登录鉴权，所以对授权系统造成的影响，可以通过对用户进行监控的方式规避。也就是说，如果恶意用户想通过不断获取 code 来攻击授权系统，则必须有一个授权系统承认的用户名和密码登录后才能完成。在用户登录时，现在一般会使用图片验证码或滑块验证码这种系统难以模拟的操作来确认是真实的人在进行操作。即便黑客突破了验证码限制，也可以通过系统检测出存在异常行为的用户，并对用户进行封禁，最终阻挡恶意攻击。

而在②框选的交互流程中，使用 code 获取 access_token 的操作，是由第三方应用所部署的服务器发起的，在服务器量少的情况下，第三方应用可以获取自己所有服务器的公网 IP 并进行配置。在一些比较大型的第三方应用中，可能已经有一套自己完善的网络层基础设施，可以直接将所有的服务器出口设置为统一的公网 IP。所以，我们完全可以在 IP 白名单机制下进行授权流程开发。

这也正是基于授权码进行授权的优势所在，将用户通道和后端通道进行分离，在用户通道中，通过常见的用户登录相关的安全机制来保障服务器安全；而在后端通道中，通过白名单机制来保障服务器安全。

3. 总结

推荐使用第二种方案，因为该方案提供了在有效期内可以重复使用的 code，对第三方应用开发和用户使用都比较友好。同时，基于 IP 白名单提供的一套安全机制能有效保障授权系统安全，相比于增加 code 消费次数的开发成本也比较低。

但是，第二种方案也有缺点，如 code 在系统中存活的时间由 code 过期时间决定，在高并发场景下，可能存在 code 占用的存储空间迅速上升的情况；同时，如果结合基于随机数的 code 生成方案，则可能会出现大量的 code 冲突的情况。

第 6 章

签名

对于开放平台这种有大量公网接口的系统，数据传输过程中的安全性非常重要。为了保障数据传输的安全性，我们需要保障数据在传输过程中不被他人破解，并且不被他人篡改；对应的保护措施就是加密和签名。本章对开放平台与外部交互过程中所用到的加密和签名进行介绍。

6.1 签名算法引入

在传输、存储数据的过程中，确保数据不被篡改或在篡改后能迅速地被发现，这就是数据完整性。

在开放平台相关业务中，为了保障第三方应用在进行授权或请求 API 网关时，相关请求入参及开放平台的返回结果不被非法篡改，需要提供保障数据一致性的能力。

如果数据交换的双方是面对面的，则不会存在信息被篡改的问题。但是，当双方使用互联网进行数据交换时，在发送方将数据发送以后，会在互联网中经过多个网络节点中转后，才能到达接收方。而经过的这些网络节点，很多都是公开的，或者是其他恶意网络节点，因此这些节点完全有能力对数据进行篡改，从而破坏数据一致性。这样 A 本来想转账给 B，但是经过篡改后却转账给了 C，从而给 A 造成很大的损失。

在如图 6-1 所示的网络信息传播流程中，加粗的路径展示了数据篡改的案例，即数据从 PC 流向 Web 服务器时，在公网的路由上被黑客篡改。

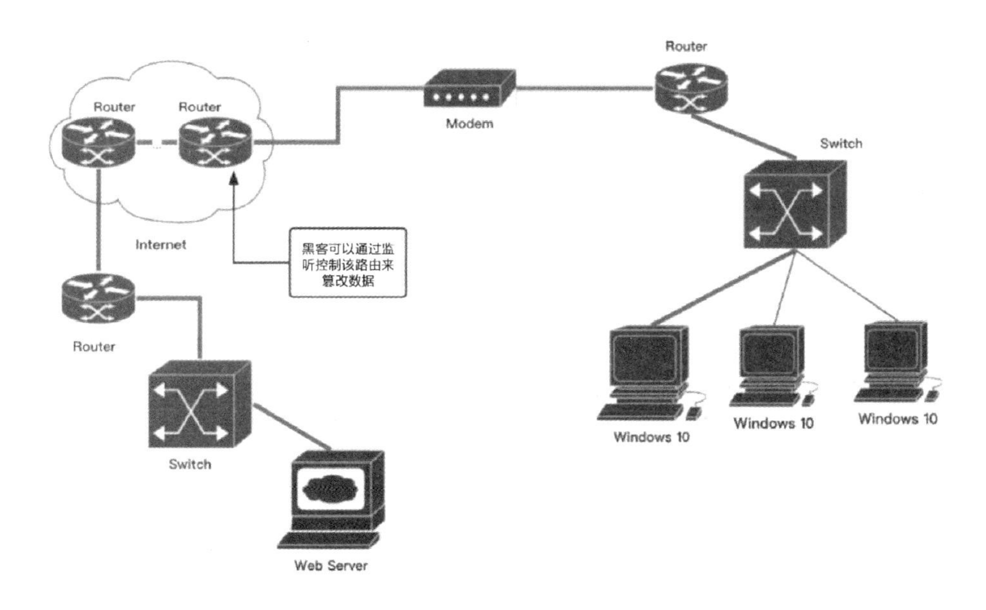

图 6-1　网络信息传播流程

保护数据完整性的方法之一是数据签名算法，下面介绍相关概念。

首先是散列函数（Hash 函数）。Hash 函数是一种能将任意输入数据转换为固定格式数字“指纹”的函数。该函数将数据打乱、混合、压缩成摘要，使得数据量变小，最终结算出所谓的散列值。

简单来说，Hash 函数以任意能以 bit 进行表示的数据为输入，以固定长度的 bit 为输出，相同的 bit 输入永远对应相同的 bit 输出。并且目前使用的散列函数，在接收不同的 bit 输入后，对应的 bit 输出基本上不会重复。

在 4.3 节中，已经使用过 Hash 函数，并且了解到 Hash 函数还有一个重要特性——不可逆性，即通过原文可以很容易地推算出对应的散列值，但是无法通过散列值推算出原文。

Hash 函数的功能如图 6-2 所示。

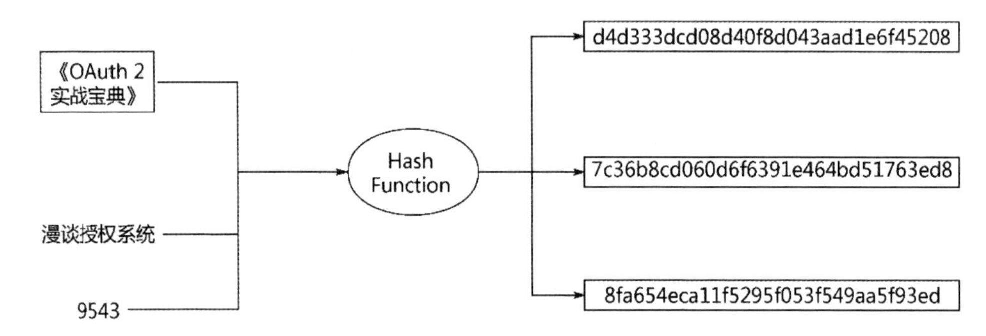

图 6-2　Hash 函数的功能

Hash 算法的种类很多。一般会先定义一个基础的算法族，然后在算法族下定义不同版本实现，从算法族上分有 MD、SHA、RIPEMD、TIGER、SNEFRU、GOST、CRC、FNV 和 HAVAL 等。其中，MD 中有 MD2、MD4 和 MD5；SHA 中有 SHA1、SHA256 和 SHA512 等。

有了 Hash 函数后，A 在给 B 进行转账时，就可以用散列值防止信息被篡改。

A 在转账信息后附上转账参数的散列值。这样如果有黑客篡改了转账参数后，则银行系统重新计算散列值时，就会得到不同的散列值，从而判断转账参数已经被修改，进而拒绝该转账操作。

但是，这种方式存在一个很大的漏洞。这个漏洞是 Hash 算法种类有限，并且大多都是公开的，所以黑客在篡改信息以后，还可以通过已知公开的 Hash 算法在有限时间内计算出散列值，这样银行验证时就会验证通过。而采用个性化的 Hash 算法成本高，同时与前面介绍的对称加密算法一样，双方必须都知道 Hash 算法才能进行散列操作，最终如何安全传输 Hash 算法成了难题。所以，我们可以引入非对称加密算法来解决相关问题。

6.2 非对称加密简介

在密码学中，加密（Encryption）是将明文信息改变为难以读取的密文，使之不可读的过程。解密（Decryption）则相反，是把密文复原为明文的过程。

加密算法可以分为两大类，分别为对称加密算法和非对称加密算法。

在 4.4 节中，已经介绍过对称加密算法。对称加密算法在加密和解密时，使用相同密钥，所以需要发送方和接收方事先都通过某种方式交换密钥后，才能使用对称加密算法进行加密通信（在 4.4 节中，发送方和接收方都是授权系统，不需要进行密钥传递）。

非对称加密算法需要生成一对密钥，其中一个密钥可以公开，所以被称为公钥（Public Key），而不公开的密钥，就被称为私钥（Private Key），知道其中一个，并不能在多项式时间内计算出另一个的值。公钥和私钥都可以用于加密，用公钥加密的内容，只能使用对应私钥解密；相反，用私钥加密的内容，只能用对应公钥解密。也就是说，对于一对密钥，有两种加解密流程，如图 6-3 所示。

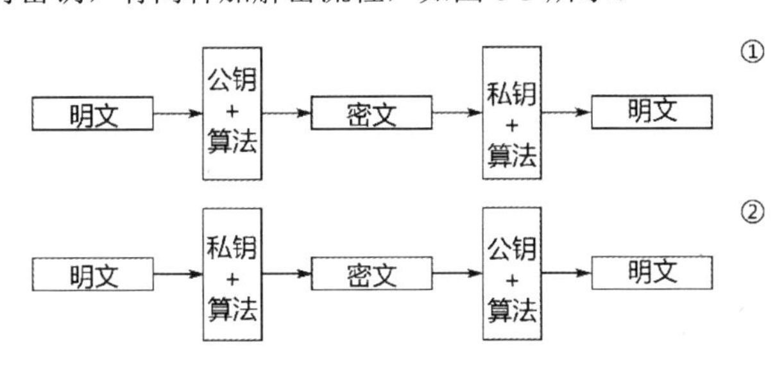

图 6-3　非对称加解密流程

> **提示**
>
> 在部分非对称加密算法中，公钥不能推导出私钥，并且公钥是由私钥推导而来的。例如，应用在比特币中的椭圆曲线加密算法。

在图 6-3 中，①流程使用公钥加密，使用私钥解密；②流程中使用私钥加密，使用公钥解密。这两个流程在实际应用中的用途不同。

在实际应用中，如果发送方想要发送一段加密数据给接收方，那么接收方将自己密钥对中的公钥通过网络传给发送方，或者直接在网上公开自己的公钥，即任何人都能获取接收方的公钥。发送方使用该公钥对要发送的数据进行加密后，若想从密文中解出明文，则只能通过对应的私钥解密，而私钥只有接收方拥有，那么就意味着只有接收方能从密文推导出明文。该过程对应于图 6-3 中的①流程。

但是，由于非对称加密算法非常复杂，加解密时比对称加密算法要慢，因此一般会使用非对称加密算法传递对称加密算法中的密钥，双方使用对称加密算法，进行信息加密传输。也就是说，使用非对称加密算法，解决了对称加密算法中密钥传递的安全问题，从而使得使用效率更高的对称加密算法进行信息传递成为可能。

在实际应用中，还有一种场景是数字签名，通过数字签名，能为数据传输提供可验证性、完整性和不可否认性等特性。图 6-3 中②流程就对应于该场景，具体流程如下。

- 发送方使用 Hash 算法对发送内容（记为 TEXT）进行运算产生散列值（记为 HV1）。
- 发送方使用私钥对 HV1 进行加密得到数字签名（记为 DS）。
- 发送方将 TEXT 和 DS 发送给接收方。
- 接收方使用发送方提供的公钥对 DS 进行解密，得到 HV1。同时，使用相同的 Hash 函数对 TEXT 进行运算得到 HV2。
- 对比 HV1 和 HV2，如果一致，则代表传输过程中数据没有被篡改，否则代表传输过程中数据已经被篡改。

6.3 进一步探讨签名算法

为什么数字签名算法能保护数据的完整性？其原因是，如果黑客篡改了发送内容，那么接收方计算出的 HV2 就不等于解密后的 HV1。

那不法分子能不能把发送的 DS 也同时修改，使得修改后的 DS 通过解密后能生成与 HV2 一致的散列值呢？答案是否定的，因为 DS 是通过发送方的私钥对 HV1 加密后产生的，黑客无法获取私钥，也就不能加密出能被对应的公钥正常解密的 DS，最后的对比依然是不一致的。

为什么数字签名算法要引入 Hash 算法呢？实际上就算没有 Hash 算法，使用私钥对整个文本加密，解密出明文依然能保障数据不被篡改。其原因是，非对称加密算法本身的复杂性，使整个加密算法很慢，如果原文很长的话，直接对原文进行加密会消耗大量的时间，同时产生的密文数据也会相当长，所以需要引入 Hash 算法，将原文转换为一一对应，且非常短的散列值后再加密，能大大提高签名效率。

综上所述，只有在拥有了非对称加密算法以后，私钥持有者才能进行签名。而 Hash 算法只发挥生成摘要，减少加密数据量的作用。

有了签名算法，A 就可以放心地给 B 进行转账了。当然，一般数据也不会“裸奔”在互联网上。通信双方会通过图 6-3 中①流程交换对称加密算法密钥，并使用对称加密算法将 TEXT 和 DS 进行加密后传输。接收方收到信息后，首先用对称加密算法对收到的信息进行解密，然后进行签名验证。

6.4　常见的签名算法

6.4.1　非对称签名算法

常见的数字签名算法包括 RSA、DSA 和 ECDSA 三种。

其中，RSA 是非对称加密算法之一，被广泛用于安全数据传输。它的安全性取决于整数分解，因此永远不需要安全的 RNG（随机数生成器）。与 DSA 相比，RSA 的签名验证速度快，但是生成速度慢。表 6-1 所示为 RSA 所支持的签名算法，都是与不同的 Hash 函数结合的结果。

表 6-1　RSA 所支持的签名算法

<table>
<tr><th>算法</th><th>密钥长度</th><th>密钥长度默认值</th><th>签名长度</th></tr>
<tr><td>MD2+RSA</td><td rowspan="9">512 ~ 65 536bit，密钥长度必须是 64 的倍数</td><td rowspan="3">1024bit</td><td rowspan="9">与密钥长度相同</td></tr>
<tr><td>MD5+RSA</td></tr>
<tr><td>SHA1+RSA</td></tr>
<tr><td>SHA224+RSA</td><td rowspan="6">2048bit</td></tr>
<tr><td>SHA256+RSA</td></tr>
<tr><td>SHA384+RSA</td></tr>
<tr><td>SHA512+RSA</td></tr>
<tr><td>RIPEMD128+RSA</td></tr>
<tr><td>RIPEMD160+RSA</td></tr>
</table>

DSA 是用来进行数字签名的算法，不能用来进行数据加解密。它的安全性，取决于算法对应的离散对数问题的复杂性。与 RSA 相比，DSA 的签名生成速度更快，但验证速度较慢。同时，如果使用错误的 RNG，可能会破坏安全性。目前，DSA 由于安全问题已经不推荐使用。

ECDSA 是 DSA 的椭圆曲线实现。椭圆曲线的密码技术能以较小的密钥提供与 RSA 相同的安全级别。由于底层还是 DSA，因此也对错误的 RNG 敏感。所以，在实际工作中，通常使用 ED25519 进行替代。

在实际工作中，推荐优先使用 RSA，如果对性能有要求，则可以使用 ED25519。

6.4.2 开放平台实践中使用的签名算法

6.4.1 节对常用的签名算法进行了简单介绍，下面开始介绍另外两种签名算法：一种是基于盐值的签名算法，另一种是基于对称加密算法的签名算法。

由于开放平台的签名场景比较特殊，因此这两种签名算法在开放平台中的应用非常广泛。

在前文中介绍了 Hash 算法，发现合格的 Hash 算法对输入敏感，只要输入发生轻微变化，生成的散列值就会大不相同。

基于这一点，可以先在要签名内容中的开头和结尾都拼接上一个盐值，再使用 Hash 算法进行签名，从而得到有效的签名。

例如，对于一个文本 TEXT 进行盐值拼接后变成了 salt+TEXT+salt。使用 SHA-256 算法进行散列计算，得到的散列值便可作为签名。在传输的过程中，黑客截获信息后，由于不知道盐值，因此无法伪造签名，最终达到保障数据不被篡改的目的。

另外，如果使用对称加密算法对文本进行加密后，再使用 Hash 算法获取散列值，也能得到有效的签名。

例如，对于一个文本 TEXT，使用对称加密算法计算得到 EN-TEXT 后，使用 SHA-256 算法进行散列计算，得到的散列值便可作为签名。在传输过程中，黑客截获信息后，由于不知道对称加密算法的密钥，因此无法伪造签名，最终保障数据不被篡改。

但是以上两种方案，使用的前提非常苛刻，需要进行签名和验签的双方必须拥有相同的盐值或对称加密算法密钥。这也就导致这两种签名算法应用场景十分有限。但是，在授权系统中，第三方应用的 ClientSecret 可以作为授权系统和第三方应用通信签名时天然的盐值和密钥。

每个第三方应用在创建时，都会生成 ClientSecret。授权系统能从数据库中获取 ClientSecret，并且第三方应用开发者可以登录控制台系统对其进行查看，由于系统使用 HTTPS 提供服务，因此不存在 ClientSecret 在传输过程中被泄露的问题。

下面针对使用 MD5 和 HMAC-SHA256 这两种签名方法的具体实现进行介绍。

签名相关的 UML 类图结构如图 6-4 所示。

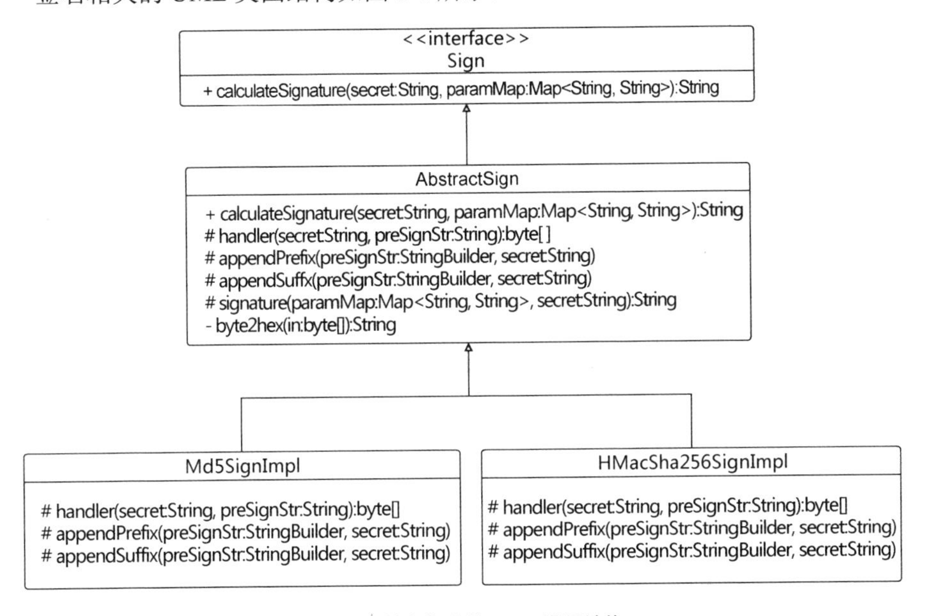

图 6-4　签名相关的 UML 类图结构

其中，Sign 是顶级接口，定义了唯一的签名计算方法 calculateSignature()。该方法的入参有密钥 secret（ClientSecret）和要签名的参数对 paramMap。

paramMap 中保存着参数名为 key，参数值为 value 的请求参数对。calculateSignature() 方法通过 secret 和 paramMap 生成签名。该接口的具体代码如示例 6.1 所示。

```
/**
* 签名计算接口，该接口唯一定义了 calculateSignature()方法进行签名计算
*/
public interface Sign {
    /**
     * 进行签名计算
     * @param secret ClientSecret 无论使用什么签名计算方法，都会用到 ClientSecret
```

```
     * secret 可以作为签名算法密钥，也可以作为混淆字段
     * @param paramMap 参与签名的 key-value 集合
     * 对应于要参与签名的所有参数对
     * 例如，在 https://www.example.com?id=1&name=marry 请求
     * 中，paramMap 的值为{id:1,name:marry}。为了保证在不同平台、不同语言
     * 中 paramMap 在遍历 key 时顺序一致，一般 Map 都会是一种可排序的
     * Map 实现，如 TreeMap，可以将 key 以自然序进行排序后再传入该方法
     * @return 签名的结果
     */
    String calculateSignature(String secret, Map<String, String>
paramMap);
    /**
     * 重载方法，入参直接是指定好的字符串，不需要再进行处理
     * @param secret ClientSecret 无论使用什么签名计算方法，都会用到
ClientSecret
     * @param text 准备进行签名的字符串
     * @return 签名的结果
     */
    String calculateSignature(String secret, String text);
}
```

示例 6.1 Sign 接口

AbstractSign 是 Sign 的抽象子类，该类定义了 handler()、appendPrefix()和 appendSuffix()三个抽象方法供子类实现。

其中，signature()方法将参数对和 secret 转换为字符串，同时会调用子类的 appendPrefix()方法给该字符串添加前缀，并调用子类的 appendSuffix()方法给该字符串添加后缀。

handler()方法对 signature()方法返回的字符串进行签名，调用 byte2hex()方法将 byte 数组转换为十六进制字符串。

byte2hex()、handler()和 signature()方法的逻辑调用，都由 AbstractSign 抽象类覆盖 Sign 接口中的 calculateSignature()方法进行组织。AbstractSign 类的具体代码如示例 6.2 所示。

```
/**
 * 数字签名基类：封装了一套前后缀拼接，进行签名并将签名转换为十六进制字符串的
签名流程
 * @implSpe：该基类已经覆盖了 {@link Sign#calculateSignature(String,
```

```
Map) }方法，通过该方法
    * 首先调用 signature()方法将 paramMap 中的参数转换为字符串，并拼接由子类指
定的前缀和后缀作为要签名的 text 文本
    * 传入 handler()方法中进行签名；然后将 handler()方法返回的结果通过调用
byte2hex()方法转换为十六进制字符串
    * 子类需要实现 handler()方法类进行具体签名操作
    * 子类需要实现 appendPrefix()方法指定前缀
    * 子类需要实现 appendSuffix()方法指定后缀
    */
   public abstract class AbstractSign implements Sign {
       /**
       * 该方法覆盖了 {@link Sign#calculateSignature(String, Map)}方法
       * 在利用模板方法模式组织了整个签名过程后
       * 可以将一些实现细节交给子类来实现
       * @param secret ClientSecret 无论使用什么签名计算方法，都会用到
ClientSecret
       * secret 可以作为签名算法密钥，也可以作为混淆字段
       * @param paramMap 参与签名的 key-value 集合，对应于要参与签名的所有参
数对
       * 例如，在 https://www.example.com?id=1&name=marry 请求
       * 中，paramMap 的值为{id:1,name:marry}。为了保证在不同平台、不同语言
       * 中 paramMap 在遍历 key 时顺序一致，一般 Map 都会是一种可排序的
       * Map 实现，如 TreeMap，可以将 key 以自然序进行排序后再传入该方法
       * @return 签名结果
       */
      @Override
      public String calculateSignature(String secret, Map<String,
String> paramMap) {
            try {
              //构建签名字符串
              final String text = signature(paramMap, secret);
                //由具体的实现算法进行签名
              final byte[] byteSign = handler(secret, text);
                //转换为十六进制字符串，十六进制字符串并不是唯一选择，可以选用
Base64 算法
              return byte2hex(byteSign);
          } catch (Exception e) {
              throw new RuntimeException("sign error !");
          }
```

```
    }
     /**
     * 该方法覆盖了 {@link Sign#calculateSignature(String, String)}方法
     * 在利用模板方法模式组织了整个签名过程后
     * 可以将一些实现细节交给子类来实现
     * @param secret ClientSecret 无论使用什么签名计算方法，都会用到
ClientSecret
     * secret 可以作为签名算法密钥，也可以作为混淆字段
     * @param text 准备进行签名的字符串
     * @return 签名结果
     */
    @Override
    public String calculateSignature(String secret, String text) {
        try {
            //由具体的实现算法进行签名
            final byte[] byteSign = handler(secret, text);
              //转换为十六进制字符串，十六进制字符串并不是唯一选择，可以选用
Base64 算法
            return byte2hex(byteSign);
        } catch (Exception e) {
            throw new RuntimeException("sign error !");
        }
    }
     /**
     *
     * @param secret ClientSecret 无论使用什么签名计算方法，都会用到
ClientSecret
     * secret 可以作为签名算法密钥，也可以作为混淆字段
     * @param preSignStr 待签名的文本字符，该字符由{{@link #signature
(Map, String)}} 方法返回
     * @return 签名后的二进制结果（大部分签名算法都返回的是 byte[]，因为整个
过程其实就是 bit 的计算、混淆）
     * @throws NoSuchAlgorithmException
     * @throws UnsupportedEncodingException
     * @throws InvalidKeyException
     */
    protected abstract byte[] handler(String secret, String preSignStr)
throws NoSuchAlgorithmException, UnsupportedEncodingException,
InvalidKeyException;
```

```
        /**
         * 由子类进行实现，该方法给 preSignStr 添加自定义前缀，如果不添加前缀，则
空实现该方法即可
         * @param preSignStr 待签名的文本字符，进入该方法时一般为空字符串，由
{{@link #signature(Map, String)}}方法决定
         * @param secret ClientSecret 无论使用什么签名计算方法，都会用到
ClientSecret
         * secret 可以作为签名算法密钥，也可以作为混淆字段
         */
        protected abstract void appendPrefix(StringBuilder preSignStr,
String secret);
        /**
         * 由子类进行实现，该方法给 preSignStr 添加自定义后缀，如果不添加后缀，则
空实现该方法即可
         * @param preSignStr 待签名的文本字符，进入该方法时字符串一般不为空，由
{{@link #signature(Map, String)}}方法决定
         * @param secret ClientSecret 无论使用什么签名计算方法，都会用到
ClientSecret
         * secret 可以作为签名算法密钥，也可以作为混淆字段
         */
        protected abstract void appendSuffix(StringBuilder preSignStr,
String secret);
        /**
         *
         * @param paramMap 参与签名的 key-value 集合，对应于要参与签名的所有参
数对
         * 例如，在 https://www.example.com?id=1&name=marry 请求
         * 中，paramMap 的值为{id:1,name:marry}。为了保证在不同平台、不同语言
         * 中 paramMap 在遍历 key 时顺序一致，一般 Map 都会是一种可排序的
         * Map 实现，如 TreeMap，可以将 key 以自然序进行排序后再传入该方法
         * @param secret ClientSecret 无论使用什么签名计算方法，都会用到
ClientSecret
         * secret 可以作为签名算法密钥，也可以作为混淆字段
         * @return 待签名文本字符
         */
        protected String signature(Map<String, String> paramMap, String
secret) {
            //创建空字符串
            StringBuilder preSignStr = new StringBuilder();
```

```
        //添加前缀
        appendPrefix(preSignStr, secret);
        //遍历 Map 中的所有 key-value 对，如果不为空，则进行拼接
        for (Map.Entry<String, String> entry : paramMap.entrySet()) {
            String name = entry.getKey();
            String value = entry.getValue();
            if (StringUtils.hasText(name) && StringUtils.
hasText(value)) {
                preSignStr.append(name).append(value);
            }
        }

        //拼接后缀
        appendSuffix(preSignStr, secret);
          return preSignStr.toString();
    }
    /**
     * 将二进制签名结果转换为十六进制字符串
     * @param in 要转换为十六进制字符串的二进制签名结果
     * @return 转换后的十六进制字符串
     */
    private String byte2hex(byte[] in) {
        StringBuffer hs = new StringBuffer();
        String stmp = "";
        for (int n = 0; n < in.length; n++) {
            stmp = (Integer.toHexString(in[n] & 0XFF));
            if (stmp.length() == 1) {
                hs.append("0").append(stmp);
            } else {
                hs.append(stmp);
            }
        }
        return hs.toString().toUpperCase();
    }
}
```

示例 6.2　AbstractSign 类

Md5SignImpl 是使用 MD5 算法进行签名的具体实现类，覆盖了 handler()、

appendPrefix()和 appendSuffix()三个方法，以实现相关业务。该类的具体代码如示例 6.3 所示。

```
/**
 * MD5 版本的数字签名算法实现
 * 该算法会先在签名字符串前后都拼接上 secret，再使用 MD5 的 Hash 算法进行计算，从而得到结果
 */
public class Md5SignImpl extends AbstractSign {
    @Override
    protected byte[] handler(String secret, String preSignStr) throws NoSuchAlgorithmException, UnsupportedEncodingException {
        //获取 MD5 算法
        MessageDigest md5 = MessageDigest.getInstance("MD5");
        //将字符串转换为 byte 数组后进行签名计算
        return md5.digest(preSignStr.getBytes("utf-8"));
    }
    @Override
    protected void appendPrefix(StringBuilder preSignStr, String secret) {
        preSignStr.append(secret);
    }
    @Override
    protected void appendSuffix(StringBuilder preSignStr, String secret) {
        preSignStr.append(secret);
    }
}
```

示例 6.3　Md5SignImpl 类

HMacSha256SignImpl 是使用 HMac-SHA256 算法进行签名的具体实现类。该类同样覆盖了 handler()、appendPrefix()和 appendSuffix()三个方法，以实现相关业务。HMacSha256SignImpl 类的具体代码如示例 6.4 所示。

```
/**
 * HMacSHA256 版本的签名实现没有在字符串前后拼接任何字符
 * 所以 appendPrefix()和 appendSuffix()方法都为空
```

```
    */
    public class HMacSha256SignImpl extends AbstractSign {
        @Override
        protected byte[] handler(String secret, String preSignStr) throws
UnsupportedEncodingException, NoSuchAlgorithmException,
InvalidKeyException {
            //将 secret 作为密钥
            SecretKeySpec secretKey = new SecretKeySpec
(secret.getBytes(),"Hmac-SHA256");
            //创建 HMac-SHA256 算法的示例
            Mac sha256HMAC = Mac.getInstance(secretKey.getAlgorithm());
            //初始化
            sha256HMAC.init(secretKey);
            //返回结算结果
            return sha256HMAC.doFinal(preSignStr.getBytes());
        }
        @Override
        protected void appendPrefix(StringBuilder preSignStr, String
secret) {
        }
        @Override
        protected void appendSuffix(StringBuilder preSignStr, String
secret) {

        }
    }
```

示例 6.4　HMacSha256SignImpl 类

这里对 HMac 算法进行补充介绍。以 HMac-SHA256 为例，前半部分 HMac 的全称为 Hash based Message Authentication Code（基于 Hash 算法的消息认证码算法），而后半部分就是该算法基于的 Hash 算法的具体实现，这里为 Sha256。HMac 相比于以前的 Hash 算法，最大的改进点就是引入了密钥。只有相同的密钥、相同的消息和相同的 Hash 算法，才能得到相同的签名值。其底层其实也是使用对称加密算法来加密消息，使用 Hash 算法来获取消息摘要的。

Md5SignImpl 这种拼接盐值后，再进行散列的算法存在被“哈希长度扩展”攻击的危险，而 HMac 算法没有这样的问题。所以，很多有条件的场景都会使用 HMac 算法。

在示例 6.3 中，先将参数转换为字符串参数，再将 secret 拼接在字符串参数的头部和尾部，最后使用 MD5 算法进行签名。由于 secret 只有开放平台和第三方应用开发者知道，因此两者可以放心地进行签名和验签操作。但是前面已经说过，这种方法有被“哈希长度扩展”攻击的危险，为了降低风险，可以通过增加对拼接后的字符串排序的步骤进行一定的规避。改进后的 MD5 签名算法实现如示例 6.5 所示。

```
/**
 * MD5 版本的数字签名算法实现
 * 该算法会先在签名字符串前后都拼接上 secret，再使用 MD5 的 Hash 算法进行计算，
从而得到结果
 */
public class Md5SignImpl extends AbstractSign {
    @Override
    protected byte[] handler(String secret, String preSignStr) throws
NoSuchAlgorithmException, UnsupportedEncodingException {
        //获取 MD5 算法
        MessageDigest md5 = MessageDigest.getInstance("MD5");
        //对 preSignStr 进行排序
        char[] chars = preSignStr.toCharArray();
        Arrays.sort(chars);
        String sortedPreSignStr = String.valueOf(chars);
        //将字符串转换为 byte 数组后进行签名计算
        return md5.digest(sortedPreSignStr.getBytes("utf-8"));
    }
    @Override
    protected void appendPrefix(StringBuilder preSignStr, String
secret) {
        preSignStr.append(secret);
    }
    @Override
    protected void appendSuffix(StringBuilder preSignStr, String
secret) {
        preSignStr.append(secret);
    }
}
```

示例 6.5 改进后的 MD5 签名算法

在示例 6.5 中，对最终要签名的字符串进行了自然排序，以有效增加安全性。

针对 calculateSignature()方法的入参 paramMap 这里要进行进一步补充。该方法的入参是 Map 类型，是 Java 语言中的顶级接口，但要求入参 paramMap 中的 key 是自然增序的。对于有序的 Map 在 Java 现有的实现类是 TreeMap，只要将数据放到 TreeMap 中，TreeMap 就会以自然增序的方式排列所有的 key 值，遍历时也能保持有序性。但这里没有限制使用 TreeMap，而是用了 Map，主要是考虑到使用签名算法时，可能会自定义 Map 类或使用其他类型的 Map。实际调用签名时的方法如示例 6.6 所示。

```
    public void sign(Map<String, String> param) throws Exception {
            Sign sign = null;
            //根据参数选择要使用的签名方法
            if (HMACSHA256.equalsIgnoreCase(param.get(SIGN_METHOD))) {
                sign = new HMacSha256SignImpl();
            } else if (HMACMD5.equalsIgnoreCase
(param.get(SIGN_METHOD))) {
                sign = new HMacMD5SignImpl();
            } else {
                sign = new Md5SignImpl();
            }
            //使用 TreeMap 进行排序
            TreeMap<String, String> stringStringTreeMap = new TreeMap<>();
            stringStringTreeMap.putAll(result);
            //进行签名
            String signValue = sign.calculateSignature(appSecret,
stringStringTreeMap);
    }
```

示例 6.6　签名示例代码

在示例 6.6 中，先使用 TreeMap 进行排序，再调用签名方法生成签名。其中，TreeMap 可以替换为自己实现的其他有序的 Map。

为什么一定要排序呢？

因为只有排序后的结果，才能在所有系统中保持一致。对于像{key1:value1, key2:value2}这种类型的数据，在 Java 中一般会使用 Map 的数据结构进行保存，而在 Python 中会使用 dict 来实现。在排列这种 key-value 的数据结构时，不同语言环境，甚至不同版本，都可能得到不一样的结果。而将 key 按照自然升序排列后的 key-value 字符串作为签名字符后，在任意情况下都能得到一致的签名结果。

出现不同语言环境和版本的原因是，签名和验签是开放平台和第三方应用之间的交互，只有第三方应用实现与开放平台相同的签名过程，才能进行签名和验签操作。而第三方应用和开放平台是通过 REST 接口进行交互的。第三方应用使用什么语言，以及什么版本的语言，都不受开放平台限制。

在通常情况下，开放平台都会提供详细的签名文档，供第三方应用开发者参考。

对于{key1:value1,key2:value2}这样的参数，假设 secret 为 SECRET，那么示例 6.3 中最终等待进行签名的字符串为 SECRETkey1value1key2value2SECRET。

6.5　开放平台签名实例

【实例一】

在授权码授权模式下，第三方应用在获取 code 后，便会使用如示例 6.7 所示的请求访问授权系统来获取 access_token。

```
    https://example.OAuth.com/OAuth 2/access_token?client_id=
##&client_secret=##&code=#& grant_type=authorization_code
```

示例 6.7　使用 code 获取授权信息请求

在要求签名的情况下，可以对 client_id、client_secret、code 及 grant_type 这 4 个参数，使用约定的签名方法进行签名，并在生成 sign 字段后访问授权系统。使用带有签名的 code 获取授权信息请求如示例 6.8 所示。

```
    https://example.OAuth.com/OAuth 2/access_token?client_id=
##&client_secret=##&code=#& grant_type=authorization_code&sign=
#SIGN#[&sign_method=#SIGN_METHOD#]
```

示例 6.8　使用带有签名的 code 获取授权信息请求

在示例 6.8 中，sign 参数是签名的结果；sign_method 为可选参数，如果不填，则会使用开放平台默认的签名算法，如果不使用默认的签名算法，则需要在这里指定所使用的签名算法。

授权系统在收到如示例 6.8 所示的请求后，会执行以下操作。

首先会验证是否有 sign_method 参数。如果有，则获取对应的签名方法；如果没有，则使用默认的签名方法。

然后使用签名方法对 client_id、client_secret、code 和 grant_type 进行签名，并与 sign 参数值进行对比。如果不一致，则验签失败，会直接返回错误给第三方应用。如果验签通过，则继续走后续流程。

在加入签名信息后，授权系统在返回 access_token 时，会返回如示例 6.9 所示的 access_token 信息。

```
{
  "access_token":"ACCESS_TOKEN",
  "expires_in":86400,
  "refresh_token":"REFESH_TOKEN",
  "refresh_expires_in":864000,
  "open_id":"OPENID",
  "scope":"SCOPE",
  "token_type":"bearer",
  "sign_method":"md5",
  "sign":"abc123ffbb111134fff..."
}
```

示例 6.9　启用签名时的授权信息

在示例 6.9 中增加了 sign_method 和 sign 两个字段。

其中，sign_method 和示例 6.8 中的 sign_method 保持一致（如果不传，则使用默认），这里为 MD5 算法。

sign 的值由其他字段（如 access_token、expires_in、refresh_token、refresh_expires_in、open_id、scope、token_type 和 sign_method）作为参数 key-value 对组，输入到签名算法中计算而得。

这里的 sign_method 不再是可选字段，因为作为开放平台，不能对第三方应用提出任何默认的预期，一切信息都应该明确，不允许存在二义性，这样就会大大降低第三方应用的对接难度。

最后第三方应用在收到 access_token 信息后，根据 sign_method 获取签名方法，对所有返回结果字段（如 access_token、expires_in、refresh_token、refresh_expires_in、open_id、scope、token_type 和 sign_method）进行验签。如果验签不通过，则说明信息已经被篡改，第三方应用应该进行恰当处理。

以上的例子展示了在获取 access_token 的流程中，如何使用签名防止信息被篡改。在现实中，已经有越来越多的开放平台在该流程中增加了签名。不过，在标准的 OAuth 2 中，并没有对签名进行强制要求，所以也存在很多没有使用签名的开放平台。

【实例二】

请求 API 网关的标准请求链接如示例 6.10 所示。其中的 sign 参数是签名信息。

该链接忽略了签名方法（sign_method），所以使用的是开放平台默认的签名方法。开放平台的签名方法列表，以及具体实现细节都会在开放 API 文档中进行详细介绍，用以指导第三方应用开发者进行对接。

```
    https://api.example.com/routerjson?access_token=##&client_id=##&
method=##&v=##&sign=##&param_json=##&timestamp=##
```

示例 6.10　开放平台 API 访问示例

【实例三】

开放平台在使用 Rest 回调消息时的请求参数，如示例 6.11 所示。


```
[
{
    "tag":"100",
    "msg_id":"3123459770871970074010000000000001598583847683850244160076340O",
    "data":{
        "p_id":4712345680779753833,
        "s_ids":[
            4712345680779753833
        ],
        "shop_id":3123451,
        "order_status":0,
        "order_type":0,
        "create_time":1598583234,
        "biz":2
    }
},
{
    "tag":"101",
    "msg_id":"31234597708719700740100000000000152342342368385024416007634ll",
    "data":{
        "p_id":4712345680779753833,
        "s_ids":[
            4712345680779753833
        ],
        "shop_id":3123451,
        "order_status":0,
        "order_type":0,
        "create_time":1598583234,
```

```
            "biz":2
        }
    }
]
```

示例 6.11 消息回调示例

在示例 6.11 中，开放平台会以数组形式，将多个消息以 Rest 请求的方式，回调给第三方应用所配置的消息回调地址。其中，数组中每一项的 tag 字段代表消息类型，msg_id 是消息唯一 ID，用来保证幂等性，而 data 是具体的消息内容，不同的 tag（消息类型）所对应的消息内容，其结构相互独立，由自身想要传递的消息内容所决定。

由于消息体内是所有的消息数组，为了更好地保存消息的纯净度，将签名及验签所需要的信息保存在 HTTP 请求头中。请求头中签名字段如示例 6.12 所示。

消息请求头中的字段	参数类型	参数描述
sign	String	防伪签名，用来进行验签
sign-method	String	本次签名所使用的签名方法
client-id	String	第三方应用的唯一标识

示例 6.12 消息回调请求头

其中的 sign 字段是示例 6.11 的签名结果。为了避免调用次数所带来的开销，开放平台可能会一次性将多条消息，以数组的方式回调给第三方应用。在这种情况下，要签名的内容已经不是 key-value 对，而是一个 JSON 字符串，所以要使用示例 6.1 中所定义的以字符串为入参的签名方法。

开放平台在进行消息回调时，首先将示例 6.12 转换为字符串，然后使用示例 6.1 中的方法进行签名，并将签名值放在消息请求头中（示例 6.12 中的 sign 字段）。具体使用哪种签名方法，由第三方应用在进行消息订阅时指定。这是因为开放平台使用该方法进行签名，第三方应用也需要使用该方法进行验签。同时，为了避免歧义，开放平台在返回结果中，会在消息请求头中用 sign-method 标识使用的签名方法。

以示例 6.11 为输入，并使用 MD5 算法进行签名。那么，要输入到签名算法中的入参字符串为#CLIENT_SECRET#[{"tag":"100","msg_id":"31234597708719700740100000000000015985838476838502441600763400","data":{"p_id":4712345680779753000,"s_ids":[4712345680779753000],"shop_id":3123451,"order_status":0,"order_type":0,"create_time":1598583234,"biz":2}},{"tag":"101","msg_id":"312345977087197007401000000000000015234234236838502441600763411","data":{"p_id":4712345680779753000,"s_ids":

[47123456807797530000],"shop_id":3123451,"order_status":0,"order_type":0,"create_time":1598583234,"biz":2}}]#CLIENT_SECRET#。

其中的#CLIENT_SECRET#是第三方应用的密码。第三方应用需要以字符串的形式接收示例 6.11 的返回结果，并使用示例 6.12 中 client-id 字段所对应的 ClientSecret 充当#CLIENT_SECRET#。使用示例 6.12 中 sign-method 字段所指定签名方法进行签名验证。

最后，解释示例 6.12 中的 client-id 字段。之所以需要该字段，主要是因为一个开发者可能会有多个第三方应用，并配置了相同的消息回调地址。有了该字段以后，开发者就能明确回调消息所归属的第三方应用。

第 7 章
授权信息

第三方应用无论使用什么模式进行授权，最终目的都是在获取授权信息后，使用授权信息进行 API 调用或者消息监听，支持相关功能实现。

前文已经介绍了常见的授权信息格式，因此本章将对授权信息进行详细介绍，主要包括常见的随机字符版本的授权信息及其替代方案 JWT（Json Web Token），并比较两者之间的优缺点。

这些讨论会穿插授权信息获取、授权信息刷新，以及授权信息取消这些内容，并在此基础上，进一步探讨 scope 权限在授权系统中的作用。最后介绍开放平台如何使用 SDK 协助第三方应用简化授权对接成本。

7.1　access_token 简介

access_token 是系统用户将自己在开放平台中的数据和能力授权给第三方应用的一种标识。第三方应用通过该标识以用户的身份来调用开放平台所提供的开放 API。

access_token 有很多实现形式，常见的有随机字符和 JWT 两种方案，在后续章节中将对其进行详细介绍。

第三方应用完全可以将 access_token 当作没有任何意义的字符，只需在调用开放 API 时，在 HTTP 请求中带上该参数即可。开放平台负责处理收到的 access_token，根据自身所实现的 access_token 版本，对 access_token 进行权限校验，并解析（获取）access_token 所对应的信息。

access_token 在传输和保存的过程中都应该是安全的，原因如下。

（1）能获取 access_token 的只有第三方应用、授权服务器（授权系统）和资源服务器（API 网关的开放能力），因此这些系统要保障 access_token 在存储时的安全性。

（2）为了保障 access_token 在传输过程中的安全性，所有涉及 access_token 参与的请求，都必须使用 HTTPS 请求，避免 access_token 被黑客拦截。

在授权系统将 access_token 发放给第三方应用时，授权系统需要决定发放给第三方应用的 access_token 的存活时间是多久。

那么，access_token 到底应该存活多久比较合适呢？很遗憾，与许多计算机工程领域的相关问题一样，这个问题也没有“银弹”，只能根据自身的实际场景，决定使用什么方案。下面将对不同的方案进行讨论。

7.1.1　短生命周期的可刷新 access_token

这种方案是较为常用的方案，在前文中授权返回的授权信息均为该方案的随机字符版本。通过 access_token 与 refresh_token 的结合，在最大程度上保障了安全性和扩展性。

使用这种 access_token 方案的授权系统，在给第三方应用发放 access_token 时，一般会给 access_token 设置几个小时到几周的过期时间。

同时，伴随 access_token 的产生也会生成 refresh_token，refresh_token 一般会有一个数倍于 access_token 的过期时间，或者没有过期时间。

access_token 过期后，第三方应用使用 refresh_token 获取新的 access_token。该过程被称为刷新 access_token。

刷新 access_token 的可选方案有很多。比如，在刷新 access_token 时，access_token 不变，而是延长 access_token 的过期时间；或者在刷新 access_token 时，直接生成新的 access_token。相关内容在 3.1 节中有讨论，这里不再赘述。

使用这种方案最大的好处是，可以使用自编码的 access_token，如 JWT。使用这种自编码的 access_token 的最大好处就是，授权系统完全不需要保存任何与 access_token 有关的信息，就可以完成 access_token 验证，并获取相关授权信息。

不过，这种自编码的 access_token 的缺点是，无法主动使一个已经发放给第三方应用的 access_token 失效。但是，如果使用了自编码的 access_token，并给 access_token 非常短的过期时间，则第三方应用需要频繁地进行 access_token 刷新，以保障 access_token 可用。这就使得授权系统在刷新 access_token 的过程中，可以拒绝生成新的 access_token，从而达到取消授权的目的。

站在第三方应用开发者的角度，进行 access_token 刷新，通常是一件无聊透顶的事情，也是没有意义的负担。第三方应用开发者都希望 access_token 永远不会过期，这样就能减少很多刷新 access_token 相关功能的开发。为了能减轻开发者的负担，开放平台一般会在 SDK 中提供管理 access_token 的相关功能。在 SDK 相关章节会进行详细介绍。

使用该方案需要具备以下条件。

- 想要使用自编码的 access_token。
- 想要减少 access_token 被泄露后的风险。
- 开放平台已经提供了良好的 SDK，用来管理 access_token 的生命周期，刷新 access_token 的逻辑对于第三方应用完全透明。

7.1.2 短生命周期的无刷新 access_token

如果授权系统希望用户能感知到第三方应用在使用他的账户权限，那么授权系统可以分配给第三方应用生命周期较短且没有 refresh_token 的授权信息。

在这种模式下，access_token 的有效期一般为数周到数月。当 access_token 失效后，第三方应用只能重新发起授权流程来引导用户授权。

这种方案并没有提供 refresh_token，因此第三方应用无法在缺少用户持续参与的情况下，长期进行相关开放能力调用。

这种方案所产生的 access_token 适用于那些所有请求都由用户发起的第三方应用。当第三方应用中存在如定时从平台中拉取数据这种后台定时任务时，由于 access_token 过期后无法通知用户进行重新授权，因此这种第三方应用不适合该授权方案。

使用该方案需要具备以下条件。

- 想要尽量减少 access_token 泄露给开放平台带来的危害。
- 想要强制用户感知到第三方应用一直在使用他的授权信息调用开放能力。
- 想要第三方应用没有通过后台功能调用开放平台所开放的相关能力，所有操作必须由用户主动发起。

7.1.3　永不过期的 access_token

永远不会过期的 access_token，对于第三方应用开发者来说简直是一个福音，但是作为开放平台，提供这种 access_token 方案时，最好仔细考虑一下要付出什么样的代价，能得到什么样的好处。

开放平台付出的代价有很多，这里列举两个成本最高的代价。

一个是，这种方案中只能使用随机字符类型的 access_token，不能使用自编码类型的 access_token。其原因是，自编码的 access_token 的所有信息都在 access_token 中存储，授权系统只有验证其合法性的能力，没有主动将其设置为无效的能力，而随机字符类型的 access_token 会在授权系统中保存信息，授权系统有能力将其设置为无效。

另一个是，这种方案安全风险巨大。由于 access_token 永不过期，一旦 access_token 泄露，黑客便可以长期使用该 access_token 窃取数据，直到用户发觉异常并人为干预。

付出如此的代价，能带来什么好处呢？

最明显的好处是，使用永不过期的 access_token 方案，第三方应用不用维护 access_token 的生命周期，也不用进行 access_token 的刷新操作，对接成本降低。

通过简单的对应可以看到这种方案风险极大，而收益是极小的，所以在实际生产中这种方案并不推荐使用。

但是这种方案在第三方应用进行调试时可以发挥巨大的作用。

在每个第三方应用创建时，都可以为该第三方应用生成一个或多个由测试账号所授权的，永不过期的 access_token。有了这批 access_token，第三方应用开发者就可以先跳过授权流程对接，而对一些感兴趣的开放能力进行调试或试用了。所以，开放平台一般会提供一个专用于测试的环境，该环境中的 access_token 都永不过期。

使用该方案需要具备以下条件。

- 有完善的取消授权机制。
- access_token 泄露后并不会有很大的风险。
- 为第三方应用开发者减轻负担。
- 想要第三方应用在后台调用开放平台所开放的能力。

目前，在 OAuth 2 中，最流行的 access_token 实现方案是 bearer 版本的 access_token。

bearer 版本的 access_token 就是一串没有任何意义的字符，更准确地说是一种对第三方应用没有任何意义的字符。

下面将介绍 bearer 的两种实现方案，即随机字符实现和 JWT 实现。

7.2 随机字符实现

我们在 3.1 节中已经接触过 access_token，基于前文的相关知识，我们现在可以确定 3.1 节中的 access_token 具有以下特征。

- access_token 基于随机字符。
- access_token 是短生命周期的可刷新 access_token。
- access_token 是 bear 版本。

下面将进一步对随机字符所实现的各种生命周期的 bear 版 access_token 进行讨论。

7.2.1 短生命周期的可刷新 access_token

当授权系统收到第三方应用所发送的获取 access_token 请求后，授权系统会查询是否已经存在授权关系。如果存在，则直接返回已有授权信息；如果不存在授权关系，则授权系统会构造如示例 7.1 所示的数据结构并填充相关内容。

```
{
  "clientId":"CLIENT_ID",
  "clientSecret":"CLIENT_SECRET",
  "authPackages":"PACK1,PACK2,PACK3,PACK4",
  "accessToken":"ACCESS_TOKEN",
  "expiresIn":86400,
  "expireTime":1663603199787,
  "refreshToken":"REFESH_TOKEN",
```

```
    "refreshExpiresIn":864000,
    "refreshExpireTime":1663609199787,
    "openId":"OPEN_ID",
    "userId":"USER_ID"
}
```

示例 7.1　授权系统保存的授权信息示例

示例 7.1 中各字段含义如下。

（1）clientId 和 clientSecret 字段。

在任意授权模式下，第三方应用都会以参数的形式将 ClientID 和 ClientSecret 传递给授权系统，从而使授权系统能验证第三方应用的身份。所以，clientId 和 clientSecret 字段可以直接从请求参数中获取。

（2）authPackages 字段。

在大多数授权模式中，第三方应用都会传递 scope 参数，指定需要用户授权的范围。那些没有指定 scope 参数的授权模式，则要求用户将自己的所有权限授权给第三方应用。

因此，在所有授权模式下，授权系统都能获取第三方应用所申请的权限包列表（scope 权限与权限包之间的关系会在后续章节中进行探讨）。

同时，第三方应用创建后，授权系统会默认赋值给第三方应用一些权限包，第三方应用也会申请一些权限包或购买一些权限包（有很多开放能力都会收费），这些权限包代表着第三方应用能调用的开放能力。

授权系统在收到授权请求后，将 scope 参数所对应的权限包列表，与第三方应用所拥有的权限包列表取交集，并将列表中的所有项用“，”连接成字符串，从而得到 authPackages 字段。

后续进行鉴权操作时，会使用 authPackages 字段。

（3）accessToken 字段。

accessToken 字段所对应的值就是 access_token，是用户对第三方应用的唯一授权标识。第三方应用可以通过 access_token，以用户的身份调用开放平台的开放能力。在该方案中，access_token 是一个随机字符，常用的随机字符是 UUID。UUID 在前文中有相关介绍，这里不再赘述。

（4）expiresIn 和 expireTime 字段。

expiresIn 字段表示 access_token 的有效期，以秒为单位，授权系统会根据系统实际配置来设置该值。expireTime 字段是 access_token 的失效时间戳，其值为生成

access_token 时的时间戳加上 expiresIn×1000。这两个字段的作用，会在后续内容中进行讨论。

（5）refreshToken 字段。

refreshToken 字段所对应的值就是 refresh_token，用来支持第三方应用刷新授权信息。当 access_token 快要过期或已经过期时，第三方应用会使用 refresh_token 刷新授权信息的有效期。在 3.1 节中，对刷新授权信息已经进行过简单介绍，在后文中会进行详细讨论。

（6）refreshExpiresIn 和 refreshExpireTime 字段。

refreshExpiresIn 字段表示 refresh_token 的有效期，以秒为单位，授权系统会根据系统实际配置设置该值。refreshExpireTime 字段是 refresh_token 的失效时间戳，其值为生成 access_token 时的时间戳加上 refreshExpiresIn×1000。这两个字段的作用，会在后续内容中进行讨论。

（7）openId 字段和 userId 字段。

用户对第三方应用授权后，第三方应用需要获取用户在第三方应用中的唯一标识，以完成用户信息维护。所以，授权系统会使用前文中生成 OpenID 的方法，将 userId 字段所对应的值转换为 OpenID，并填充到 openId 字段中。在授权信息中保存 openId 字段，主要是为了第三方应用重复请求获取 access_token 和刷新 access_token 时，不需要再次生成 OpenID，减轻系统负担。

userId 字段是用户在系统内部的唯一标识，无论使用什么方式授权，用户都需要在授权系统所在系统体系中登录。授权系统从登录态中获取 UserID，并填充到 userId 字段中。该字段的作用是，方便系统内部通过 access_token 寻找对应的用户信息。如果没有该字段也是可以的，只是授权系统需要通过 openId 字段和 clientId 字段推导出 UserID，会加重系统负担。

在构造完成示例 7.1 中的数据后，授权系统会对该数据进行持久化，用来支撑后续的鉴权工作。在前面关于授权码授权模式的章节中，介绍了将示例 7.1 中的数据保存在内存数据库的方式，这里进行一个简单回顾。

以 access_token 为 key，示例 7.1 中的数据为 value，并将数据的过期时间设置为示例 7.1 中的 expiresIn，保存到内存数据库中。

有了这条数据，在进行鉴权时，授权系统在拿到 ClientID 和 access_token 后，使用 access_token，到内存数据库中查询 access_token 信息。

如果没有查到，则证明没有授权或授权已经失效，返回无效的 access_token 提示信息。

如果查到示例 7.1 中的数据，则验证 clientId 字段所对应的值是否与 ClientID 相同。如果一致，则证明是有效的 access_token，否则说明该授权信息并不属于发起请求的第三方应用，返回无效的 access_token 提示信息。随机字符授权信息验证流程如图 7-1 所示。

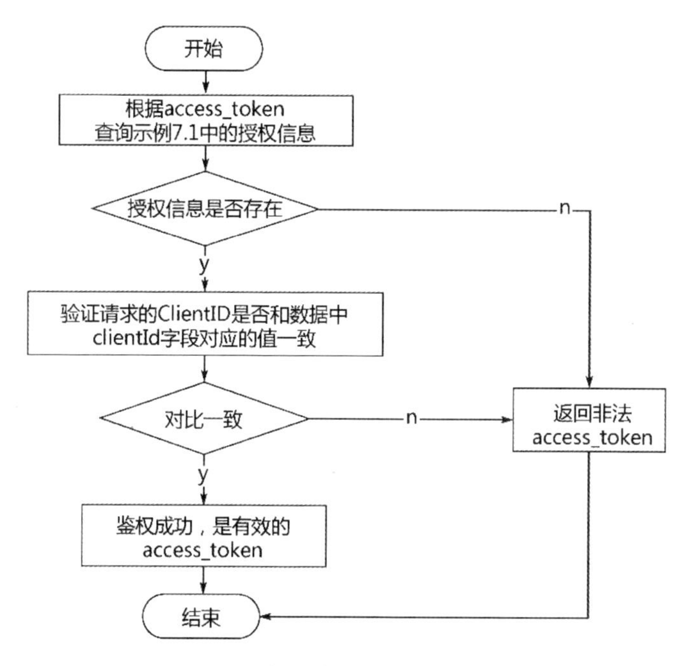

图 7-1　随机字符授权信息验证流程

以 refresh_token 为 key，示例 7.1 中的数据为 value，并将数据的过期时间设置为示例 7.1 中的 refreshExpiresIn，保存到内存数据库中。这条数据用来支撑 access_token 刷新操作。

access_token 的刷新方式有很多种，在前面提到 refresh_token 时，进行了简要介绍。这里以一种比较简单的刷新方式，描述如何进行 access_token 刷新。

这种刷新方式具体内容如下。

如果在 access_token 刷新时，access_token 还没有过期，则延长 access_token 的有效时间，而不修改 access_token。

如果在刷新时，第三方应用指定强制刷新，则会将当前的 access_token 过期时间设置为很短的时间，如 2 分钟。此时，将生成一个新的 access_token。

强制刷新为第三方应用提供一种应对 access_token 泄露的能力。选择将现有 access_token 设置为一个非常短的过期时间，而不是直接删除，其目的是不影响第三方应用现有任务的运行，即在新、旧版本的 access_token 交替时，一些使用旧版本 access_token 的请求依然可以成功执行。

如果在刷新 access_token 时，当前 access_token 已经失效，则直接生成新的 access_token 即可。授权信息刷新流程如图 7-2 所示。

有了明确的刷新方式后，授权系统在收到 access_token 刷新请求时，可以获取 ClientID 和 refresh_token 两个参数。

首先授权系统根据 refresh_token，到内存数据库中查询示例 7.1 中的数据是否存在，如果不存在，则证明 refresh_token 无效，或 refresh_token 已经失效，并返回无效的 refresh_token 提示信息。

如果能查询到示例 7.1 中的数据，则验证获取数据中的 clientId 字段所对应的值，是否与 ClientID 相同。如果相同，则证明是有效的 refresh_token，使用系统指定的方式进行 access_token 刷新，否则说明 refresh_token 不属于当前发起请求的第三方应用，返回无效 refresh_token 提示信息。授权信息刷新流程如图 7-3 所示。

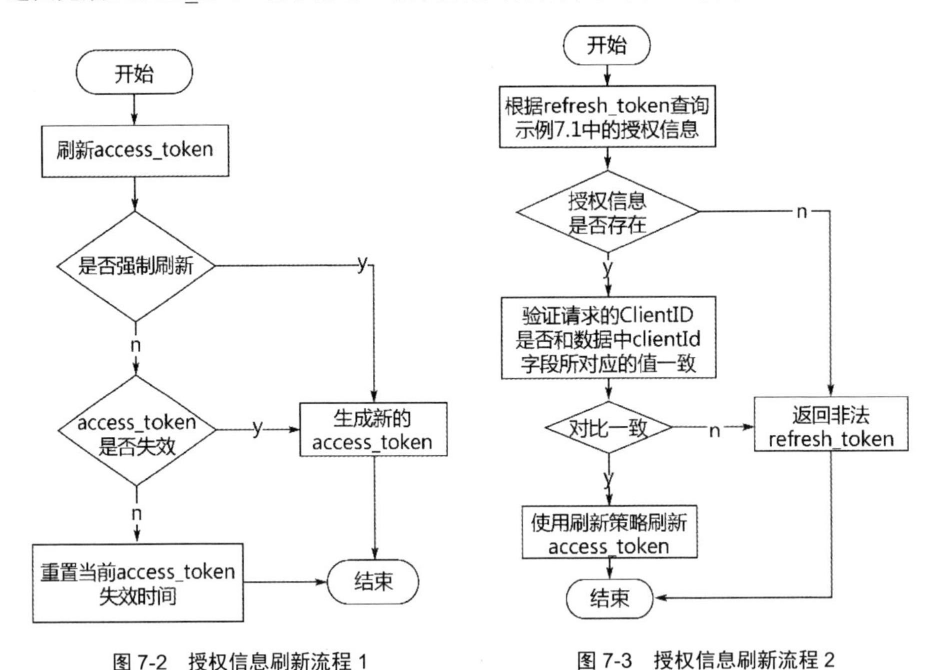

图 7-2　授权信息刷新流程 1

图 7-3　授权信息刷新流程 2

注意

刷新 access_token 时，会更新 refresh_token 过期时间。

在以上方案中，expiresIn、expireTime、refreshExpiresIn 和 refreshExpireTime 并没有起到任何作用，直接通过内存数据库的过期机制，就能解决验证 access_token 和 refresh_token 是否已经过期的问题。但是，在使用其他存储方案时，这些时间字段就会发挥作用。

例如，将示例 7.1 所对应的数据保存在关系型数据库（如 MySQL）中时，进行鉴权和 access_token 刷新的流程中就会用到 expiresIn、expireTime、refreshExpiresIn 和 refreshExpireTime。

具体流程如下。

同样在进行鉴权时，授权系统会拿到 ClientID 和 access_token，并使用 ClientID 和 access_token 到示例 7.1 所对应的数据表中查询 access_token 信息。

如果没有查询到对应信息，则证明没有授权或授权已经失效（后台线程定期清理超过 refreshExpireTime 的 access_token 信息），返回无效的 access_token 提示信息。

如果查询到示例 7.1 中的数据，则对比 expireTime 是否大于当前时间戳。如果大于当前时间戳，则鉴权成功；反之，则说明对应的 access_token 信息已经过期，返回无效的 access_token 提示信息。

在使用这种鉴权方案时，为了提高系统响应速度，可以增加中间缓存层，即以 access_token 拼接 ClientID 后的字符串为 key，示例 7.1 中的数据为 value 缓存，并且缓存时间要小于 expireTime。

基于数据库存储授权信息的鉴权流程如图 7-4 所示，其中从缓存中读取授权信息的过程是为了性能优化，可以省略。

同样，在基于关系型数据库保存示例 7.1 中的 access_token 信息时，授权系统在收到刷新 access_token 信息的请求时，会从参数中获取 ClientID 和 refresh_token。授权系统到示例 7.1 所对应的数据表中，查询相应字段与 ClientID 和 refresh_token 一致，且 refreshExpireTime 大于当前时间戳的 access_token 信息。

如果对应信息不存在，则证明 refresh_token 不存在，或者不属于发出请求的第三方应用，也或者已经过期，返回无效的 refresh_token 提示信息。

如果对应信息存在，则证明 refresh_token 有效，需要按照 access_token 刷新策略刷新 access_token。按照前文提到的刷新策略，如果 access_token 还没有过期，则直接更新数据库中的 expiresIn 和 refreshExpiresIn 为最新过期时间即可；如果 access_token 已经过期，则生成新的 access_token 信息，并插入数据库表中。而以前过期的 access_token 信息，则由后台线程定时清理。基于数据库存储授权信息的刷新授权信息流程如图 7-5 所示。

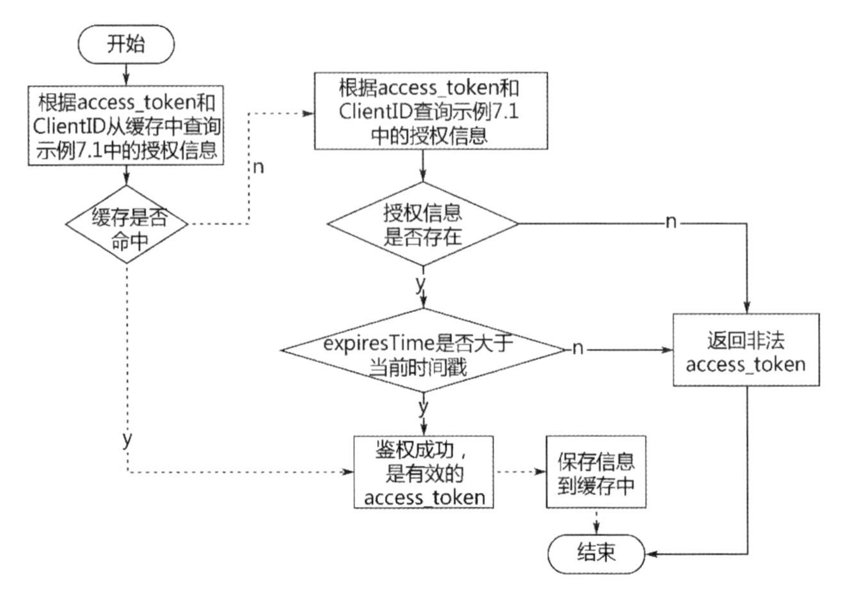

图 7-4　基于数据库存储授权信息的鉴权流程（缓存部分是可选的，用虚线表示）

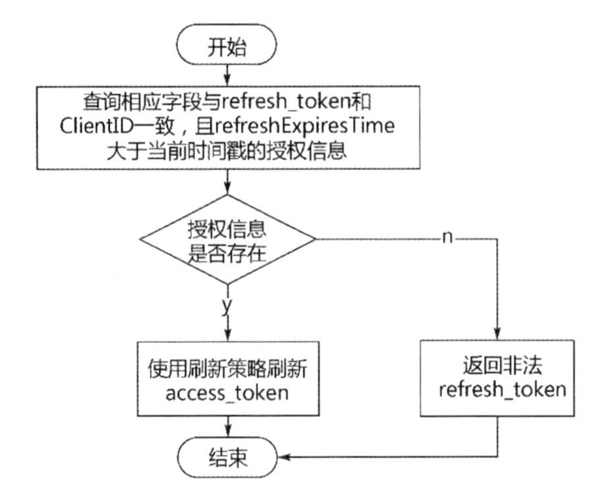

图 7-5　基于数据库存储授权信息时刷新授权信息流程

7.2.2　短生命周期的无刷新 access_token

该方案是上一方案的简化版，该方案在上一方案的基础上，删除了 refresh_token 的相关功能。

授权系统在收到获取 access_token 请求时，如果不存在有效 access_token 信息，则创建如示例 7.2 所示的授权信息。如果已经存在示例 7.2 中的有效 access_token 信息，则返回以后的授权信息。

```
{
    "clientId":"CLIENT_ID",
    "clientSecret":"CLIENT_SECRET",
    "authPackages":"PACK1,PACK2,PACK3,PACK4",
    "accessToken":"ACCESS_TOKEN",
    "expiresIn":86400,
    "expireTime":1663603199787,
    "openId":"OPEN_ID",
    "userId":"USER_ID"
}
```

示例 7.2　无刷新机制时授权系统保存的授权信息

示例 7.2 中相关字段与上一方案中完全相同，这里不再赘述。主要关注点是，由于授权系统不需要刷新 access_token 信息，因此在示例 7.2 中没有再出现 refreshToken、refreshExpiresIn 和 refreshExpireTime 这 3 个字段。

在构造完成示例 7.2 中的数据后，授权系统会对该数据进行持久化，用来支撑后续的鉴权工作。授权信息保存在数据库中的鉴权流程，相对于上一方案没有发生变化，所以这里重点介绍授权信息保存到内存数据库时的鉴权流程。

该方案直接以 access_token 为 key，示例 7.2 中的数据为 value，将数据的过期时间设置为示例 7.2 中的 expiresIn，并保存到内存数据库中。

在进行鉴权时，授权系统会拿到 ClientID 和 access_token，可以使用 access_token 到内存数据库中查询 access_token 信息。

如果没有查到对应信息，则证明没有授权或授权已经失效，返回无效的 access_token 提示信息。

如果查到示例 7.2 中的数据，则进一步验证 clientId 字段所对应的值是否与 ClientID 相同。如果相同，则证明是有效的 access_token，否则说明该授权信息并不属于发起请求的第三方应用，返回无效的 access_token 提示信息。

相比于上一个方案，这里不再以 refresh_token 为 key，以示例 7.2 中的数据为 value，进行信息保存。

由于该方案不再支持授权信息刷新，因此第三方应用在收到无效 access_token 时，只能想办法提醒用户重新进行授权。

同理，授权系统返回给第三方应用的客户端版本的授权信息也简化成了如示例 7.3 所示的内容。

```
{
  "access_token":"ACCESS_TOKEN",
  "expires_in":86400,
  "open_id":"OPENID",
  "scope":"SCOPE",
  "token_type":"bearer"
}
```

示例 7.3　无刷新机制时第三方应用收到的授权信息

示例 7.3 相比于上两个方案中的授权信息，删除了 refresh_token 和 refresh_expires_in 字段。第三方应用不需要再考虑刷新 access_token 操作所带来的烦恼，只需保存示例 7.3 中的授权信息，并在调用开放能力时使用即可。在 access_token 过期后，使用户重新授权。

7.2.3　永不过期的 access_token

该方案可以称为最简方案，对于开放平台和第三方应用，都只有复杂度很低的技术。

在该方案中，授权系统在收到获取 access_token 请求时，如果不存在有效 access_token 信息，则创建如示例 7.4 所示的授权信息；如果存在示例 7.4 中的 access_token 信息，则直接返回。

```
{
  "clientId":"CLIENT_ID",
  "clientSecret":"CLIENT_SECRET",
  "authPackages":"PACK1,PACK2,PACK3,PACK4",
  "accessToken":"ACCESS_TOKEN",
  "openId":"OPEN_ID",
  "userId":"USER_ID"
}
```

示例 7.4　授权信息永不过期时授权系统保存的授权信息

在构造完成示例 7.4 中的数据后，授权系统会对该数据进行持久化，用来支撑后续的鉴权工作。在如示例 7.4 所示的数据中，又进一步删除了 access_token 过期相关的两个字段，即 expiresIn 和 expireTime。

当将示例 7.4 中的数据保存在内存数据库中时，直接以 access_token 为 key，以示例 7.4 中的数据为 value，将数据设置为永不过期后保存即可。

在进行鉴权时，授权系统会拿到 ClientID 和 access_token，可以使用 access_token 到内存数据库中查询 access_token 信息。

如果没有查到对应信息，则证明没有授权，返回无效的 access_token 提示信息。

如果查到示例 7.4 中的数据，则验证 clientId 字段所对应的值是否与 ClientID 相同。如果相同，则证明是有效的 access_token，否则说明该授权信息并不属于请求的第三方应用，返回无效的 access_token 提示信息。

由于 access_token 信息永不过期，因此该方案中不需要考虑对刷新 access_token 相关功能的支持。

当将示例 7.4 中的数据保存在关系型数据库中时，授权系统在收到鉴权请求后，会拿到 ClientID 和 access_token，并使用 ClientID 和 access_token 到数据库中查询对应的授权信息。

如果存在授权信息，则鉴权成功，将信息保存到缓存中。

如果不存在对应的授权信息，则说明授权信息不存在，或者授权信息不属于发起请求的第三方应用，返回无效的 access_token 提示信息。授权信息永不过期时的鉴权流程如图 7-6 所示。

在图 7-6 中，因为 access_token 永远不会过期，所以不需要再进行 access_token 有效期验证的相关操作。图中从缓存中获取授权信息的流程是为了性能优化，可以省略。

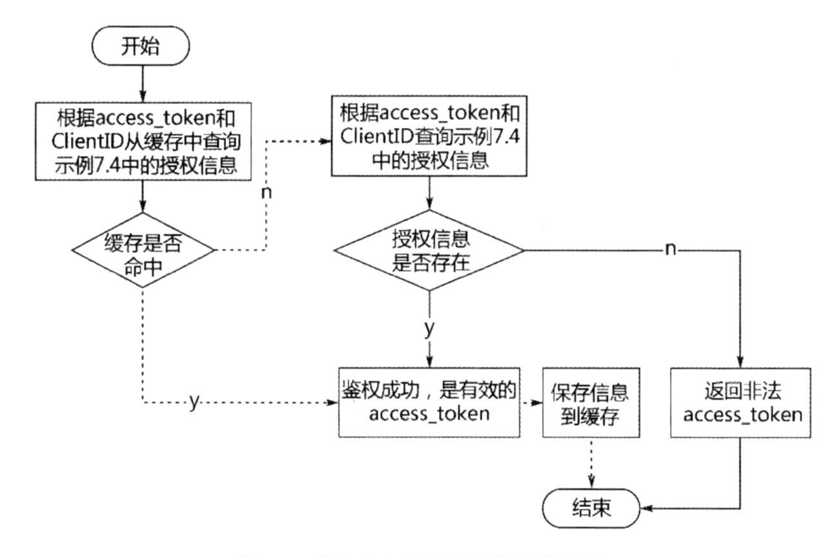

图 7-6　授权信息永不过期时的鉴权流程

7.2.4 基于随机字符的 access_token 方案总结

前面 3 个小节中，对 3 种生命周期的 access_token 所对应的随机字符实现方案，进行了相关介绍。这 3 种方案中，使用范围最广、实现最多的是 7.2.1 节中的方案。

其原因是，虽然该方案在技术实现上比较复杂，但是能带来很多好处。并且，开放平台和第三方应用开发一般都是由专业的软件开发工程师完成，这点技术难度和带来的好处相比就真的不值一提了。

不过其他两种方案，也可以在实际工作中根据自身场景酌情使用。

虽然 7.2.2 节中的方案会频繁依赖用户进行主动授权，但是在请求均由用户发起的主动操作场景中，这种方案再适合不过了。

虽然 7.2.3 节中的方案看似非常不安全，给人的感觉就像 access_token 泄露后就会万劫不复一样，但是该方案十分简单明了，对接成本也非常低。最重要的是，在随机字符实现的 access_token 版本中，将授权信息保存在了服务端，能提供主动取消授权，并且具有立即生效的能力，所以在某种程度上也是安全的，就像用户丢失了密码，及时修改也能有效止损。

下面对开放平台提供的取消授权能力进行简单介绍。

在 access_token 泄露，或者用户与第三方应用取消某种合作的情况下，用户通过主动取消授权来禁止第三方应用以自己的身份调用开放平台的开放能力。

为了能支持该业务，授权系统会在用户的个人中心，为用户提供授权管理功能。通过该功能，用户可以查询自己已经给哪些第三方应用授权，授权的时间长度是多久，以及具体授权了哪些权限给第三方应用。在此基础上，用户可以指定取消某个特定的授权。

如果基于内存数据库保存授权信息，则可以将数据双写到 Elasticsearch 中，为用户提供相关数据检索能力。用户在检索到数据并确定取消某项授权后，授权系统在内存数据库中分别删除以 access_token 和 refresh_token 为 key 的授权信息，并且通过双写机制，将 Elasticsearch 中异构的数据修改为无效状态。

如果基于关系型数据库保存授权信息，则完全可以基于数据库的 CRUD 操作，完成相关查询和取消授权功能。但是，如果在用户量很大的情况下，为了能加快用户查询和检索的速度，也可以同样将数据异构到 Elasticsearch 中。

7.2.5 随机字符方案的缺陷及防御

下面将讨论随机字符的相关问题。在上面的内容中，提到 access_token 和

refresh_token 字段都是基于 UUID 生成的。这种方案所生成的 access_token 和 refresh_token 的优势是全局唯一，并且不包含任何实际含义。但是，使用该方案也会导致授权系统需要做很多防御措施，以防止恶意请求的攻击。

之所以会有被恶意攻击的风险，是因为生成一个 UUID 的成本很低，所以恶意用户可以在窃取了其他第三方应用的 ClientID 后，随机生成 UUID 访问开放平台的开放能力。开放平台在收到这种恶意请求后，需要访问某种存储系统（内存数据库或关系型数据库）验证 access_token 的有效性。在完全使用内存数据库的场景下，会产生大量的 I/O 请求，加重系统的负担。如果使用关系型数据库，则这种攻击会在造成缓存击穿（如果有的话）后，使大量请求直接涌入数据库，造成数据库崩溃，最终整个系统就随之崩溃了。

面对这种情况，如果已经使用了内存数据库，则基本没有什么防御措施，只能硬抗。如果使用的是传统的关系型数据库，则可以缓存不存在的 access_token，并将 value 设为空。当再次收到相同的不存在的 access_token 恶意请求时，就可以使用内存来抗量，避免对数据库造成影响。但是，access_token 生成成本很低，基本不会出现重复的 access_token，因此这种防御措施也就无效了。

下面介绍两种改进方案，分别为 List-Hash-Set 和布隆过滤器。这两种方案的实质也是使用内存数据库应对大量无效请求，只是相比于前面缓存不存在的 access_token 方案，这两种方案都是直接缓存已经存在的 access_token。

当然如果有条件，则可以直接切换到纯内存数据库，因为纯内存数据库也是一种缓存所有已经存在的 access_token 的解决方案。

下面直接使用 Redis 作为内存数据库，介绍 List-Hash-Set 和布隆过滤器方案。

1．基于 List-Hash-Set 进行防御

List-Hash-Set 方案的原理很简单，在 Redis 缓存中创建一个固定长度的列表，并初始化该列表中的每一个值为一个 UUID（每个列表值都重新生成，也就是这个列表中的值各不相同）。因为在 Redis 中，所有的数据保存都是 key-value 形式，所以设置该列表的 key 为 TOKENS。在以后使用时，就直接使用 TOKENS 在 Redis 缓存中定位该列表。遍历 TOKENS 列表中的所有 UUID，以 UUID 为 key，在 Redis 缓存中创建一个空的 Set，后续该 Set 将用来保存 access_token 和 refresh_token。

列表和 Set 数据结构都是 Redis 默认支持的功能，这里不再详细介绍，感兴趣的读者可以参考 Redis 官网学习相关知识。

在经过上述步骤构建后，会得到如图 7-7 所示的 List-Hash-Set 数据结构。在此数

据结构的基础上使用以下方式进行防御。

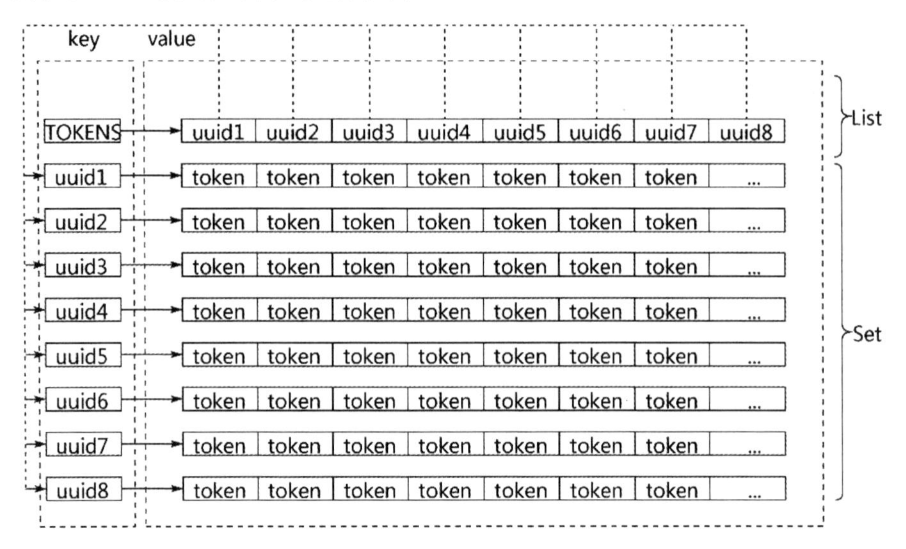

图 7-7　List-Hash-Set 数据结构

首先 TOKENS 列表一旦创建，就不会再进行修改。也就是说，TOKENS 列表的长度和其中的 UUID 元素都已经固定，同时对应的 Set 数据结构的数量也是固定的。

在此前提下，假设 TOKENS 列表的长度为 LEN，授权系统在生成 access_token 和 refresh_token（以下简称 token）时，会根据公式 7.1 计算 token 要存放在哪个 Set 中。

$$\text{Hash(token) \% LEN} \qquad \text{（公式 7.1）}$$

在公式 7.1 中，Hash 函数会计算 token 的 Hash 值，并转换为整数。

假设通过公式 7.1 计算出的下标对应于 uuid6，那么将 token 保存到 uuid6 所对应的 Set 中。

同时，授权系统需要定时监控 access_token 过期信息，在监控到某个 access_token 过期后，使用公式 7.1 找到对应的 Set，将无效的 access_token 所对应的 access_token 和 refresh_token 进行移除。

注意

用户主动取消授权和因刷新 access_token 而导致 access_token 无效的情况均需要进行监控。

最后讲述该方案在具体防御中的应用。当授权系统收到鉴权，或刷新 access_token 操作后，首先根据公式 7.1 计算得到相应的 Set，然后在该 Set 中寻找对应的 token 信息。如果 token 信息存在，则证明是合法的请求，可以按照流程执行后续操作；如果 token 信息不存在，则证明是恶意请求，直接返回无效的 token 提示即可。

2. 基于布隆过滤器进行防御

布隆过滤器（Bloom Filter）由布隆在 1970 年提出，主要用来判断一个元素，是否已经存在于某个集合中。

其基本原理是，将要判断的元素经过 *n* 个 Hash 函数计算后，得到 *n* 个下标，使用这 *n* 个下标在长度为 *m*（所有计算的下标一定在 *m* 的范围内）的二进制数组中，确定对应的 bit 是否都为 1。

如果对应的 bit 都为 1，则元素可能存在，否则元素一定不存在（需要注意的是，这里的用词“可能存在”和“一定不存在”）。

插入元素时，直接将 *n* 个下标对应的 bit 设置为 1 即可。

布隆过滤器无法删除元素。

布隆过滤器基本原理如图 7-8 所示。

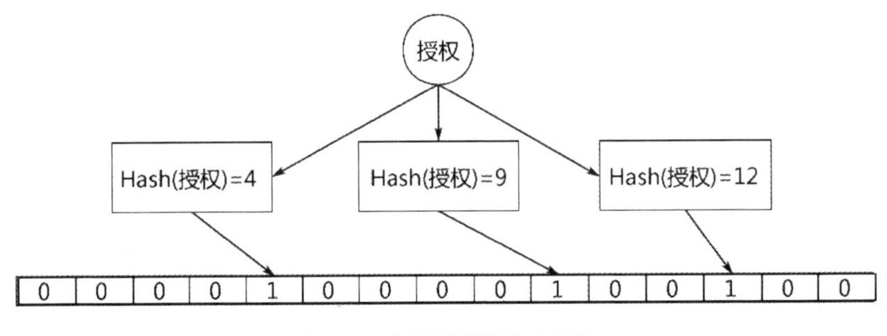

图 7-8　布隆过滤器基本原理

在图 7-8 中输入“授权”以后，分别使用 3 个 Hash 函数计算其 Hash 值，从而得到 4、9 和 12。最后，将对应的 bit 更新为 1。

当在图 7-8 中查询“授权”是否存在时，同样使用 3 个 Hash 函数计算其 Hash 值，其结果分别为 4、9 和 12，验证对应的 bit 是否都为 1。

布隆过滤器的优点是，使用少量的存储空间，就能对大量数据是否存在的问题进行判断。其缺点是，无法删除元素，以及在判定某个元素是否存在时，布隆过滤器只能给出“可能”答案，到底是否存在，需要进一步确认。

这里不对布隆过滤器相关细节进行深入探讨，有兴趣的读者可以自己学习。这里使用 Redis 提供的布隆过滤器功能，进行后续内容讲解。

在 Redis 4.0 之后，Redis 提供了插件功能，并通过插件功能，实现了布隆过滤器能力。在 Redis 4.0 之前，布隆过滤器主要基于 Redis 提供的 BitMap 数据结构来实现，比较知名的 Redis 扩展客户端 Redisson，已经提供了相关实现，可以直接使用。

这里重点选择 Redisson 实现进行介绍，对于 Redis 自带的布隆过滤器只进行简单介绍。

首先通过命令行的方式介绍 Redis 4.0 之后 Redis 自带的布隆过滤器实现。

```
>bf.reserve myfilter 0.0001 1000000
```

bf.reserve 命令用来创建布隆过滤器。此处该命令创建了一个名为 myfilter 的布隆过滤器，期望的误判率为 0.0001，容量为 1000000。

错误率和容量是创建布隆过滤器时的两个关键参数，算法会根据这两个参数，生成对应数量的 Hash 函数来尽量满足这两个参数的要求。

```
>bf.add myfilter test
```

bf.add 命令用来向布隆过滤器中添加元素。此处该命令向 myfilter 这个布隆过滤器中添加一个 test 元素。

```
>bf.exists myfilter test
```

bf.exists 命令用来查询某个元素是否存在。此处该命令向 myfilter 这个布隆过滤器查询 test 元素是否存在。

Redis 4.0 自带的布隆过滤器使用起来比较简单，这里就不对 Java 客户端使用方式进行进一步演示。下面使用 Java 客户端演示 Redisson 对布隆过滤器的使用。

详细代码如示例 7.5 所示。

```
public static void main(String[] args) {
    Config config = new Config();
    config.useSingleServer().setAddress("redis://192.168.14.104:6379");
    config.useSingleServer().setPassword("123");
    //构造 Redisson
    RedissonClient redisson = Redisson.create(config);

    RBloomFilter<String> bloomFilter =
            redisson.getBloomFilter("myfilter");
    //初始化布隆过滤器：预计元素为 100000000L,误差率为 3%
    bloomFilter.tryInit(100000000L, 0.03);
    //将号码 10086 添加到布隆过滤器中
    bloomFilter.add("test");
```

```
        //判断下面号码是否在布隆过滤器中
        System.out.println(bloomFilter.contains("123456"));//false
        System.out.println(bloomFilter.contains("test"));//true
    }
```

示例 7.5　Redisson 提供的布隆过滤器使用代码示例

在了解了布隆过滤器的相关知识后，下面将介绍如何使用布隆过滤器进行 token 恶意攻击的防御。

首先，授权系统在生成新的 access_token 和 refresh_token 时，将相应值记录到布隆过滤器中。

然后，授权系统在收到鉴权请求，或者使用 refresh_token 进行 access_token 刷新请求时，需要查询布隆过滤器中是否有相应数据，如果布隆过滤器判断数据存在，则进行后续流程，从保存 token 信息的数据库中，进一步确认收到的 token 信息是否有效；如果布隆过滤器判断数据不存在，则说明数据一定不存在，直接返回无效的 token 提示信息即可。之所以能如此肯定，是因为布隆过滤器的误判值，仅存在对数据存在情况的判断。

布隆过滤器在过滤 token 恶意请求时存在一个缺陷，即 token 信息过期后，布隆过滤器无法删除相应数据。因此，授权系统需要定期更换新的布隆过滤器。

大致流程为，监控 token 过期数量，当 token 过期数量超过阈值后，开启新布隆过滤器双写。并通过后台线程，在开启双写时间点前，将所有的有效 token 信息写入新布隆过滤器中，写完后切换到新布隆过滤器中。

3. 基于特殊形式的 token 进行防御

List-Hash-Set 和布隆过滤器方案，均基于内存能快速响应的特点，对 token 恶意请求进行防御。但是在巨大的攻击压力下，对系统的内存数据库依然是严峻的考验。那么有没有不使用存储介质，进一步提升对 token 恶意请求进行防御的办法呢？应该存在很多有效的方法，下面介绍一种使用特殊形式的 token 来解决相关问题的方法。

在开放平台中，access_token 和 refresh_token 属于第三方应用，所有使用 token 的调用，都由第三方应用发起。这意味着，在所有的 access_token 和 refresh_token 出现时，一定会伴随着 ClientID。如果通过 ClientID 作为限制域，则 access_token 和 refresh_token 只需在第三方应用下唯一即可。

更进一步地，规定 ClientID 也使用 UUID 生成，且在生成 ClientID 时，限制 ClientID 中出现的不重复字符数都必须大于 4。也就是说，每次生成一个 UUID 后，检查该 UUID

中不重复的字符数是否都大于 4，如果小于或等于 4，则继续生成，直到满足要求为止。ClientID 生成流程如图 7-9 所示。

有了这种形式的 ClientID 后，可以在基于 UUID 生成 token 时做一些变化，具体流程如下。

首先依然生成 UUID，但此时不会将 UUID 直接作为 token，而是需要将 UUID 进一步加工后，作为最后的 token。

这个加工也比较简单，直接随机从 ClientID 的不重复的字符中，选择 4 个字符（每个字符只能被选择一次）后，依次替换生成的 UUID 中的“-”，从而得到最终 token。检验 token 在该 ClientID 下是否已经存在，如果存在，则重新生成。token 生成流程如图 7-10 所示。

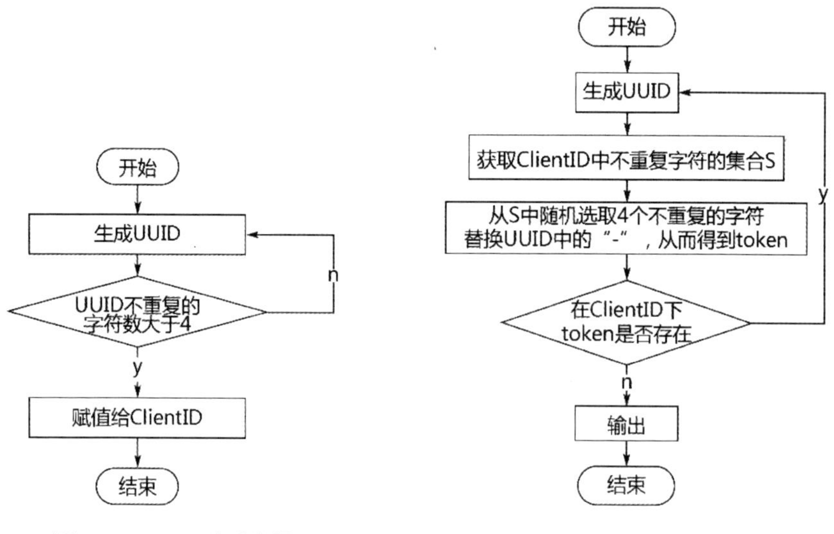

图 7-9　ClientID 生成流程

图 7-10　token 生成流程

这种方式生成的 token，在同一个 ClientID 下是唯一的，在不同 ClientID 之间可能会重复。但是，由于保存授权信息时，有 ClientID 进行区分，因此总体来看不同 ClientID 之间的 token 即便产生了重复，也不会对彼此产生影响。

唯一需要注意的是，在缓存授权信息时，不能只将 token 作为 key，需要使用 token 和 ClientID 的拼接结果作为 key。下面通过一个具体的例子演示这种形式 token 的生成过程。

【例】

设 ClientID 为 b858d681-3155-4a1d-8afa-c844f7890665，那么 ClientID 所对应的集

合 S 为{ a, b, c, d, f, 0, 1, 3, 4, 5, 6, 7, 8, 9}。设生成的 access_token 或 refresh_token 的值为 c5f6d90b-0ab4-4a7b-88f1-291949657f6d。

从集合 S 中随机选取 4 个不重复的字符，得到集合 S1 为{a,1,3,9}。将 S1 中每个字符依次替换 token 中的“-”，得到最终 token 值为 c5f6d90ba0ab414a7b388f19291949657f6d。最后，确认该值在 ClientID 的 b858d681-3155-4a1d-8afa-c844f7890665 域下不重复后，就可以直接进行使用，否则重新生成 access_token。

注意

如果 token 在某个 ClientID 域下重复，则可以选择重新随机获取集合 S1 几次，尝试生成不重复的 token，也可以考虑生成新的 token。

在拥有以上 token 后，授权系统在收到请求后，首先取到 token 中“-”对应位置的字符，组成集合 S1。同时，由于 ClientID 必然和 token 一起出现，因此授权系统也能获取集合 S；然后判断集合 S1 中的元素是否全部包含在集合 S 中，如果全部包含，则初步验证该 token 是合法的，可以进一步使用数据库中的数据进行验证，以进行后续操作。特殊形式 token 验证流程如图 7-11 所示。

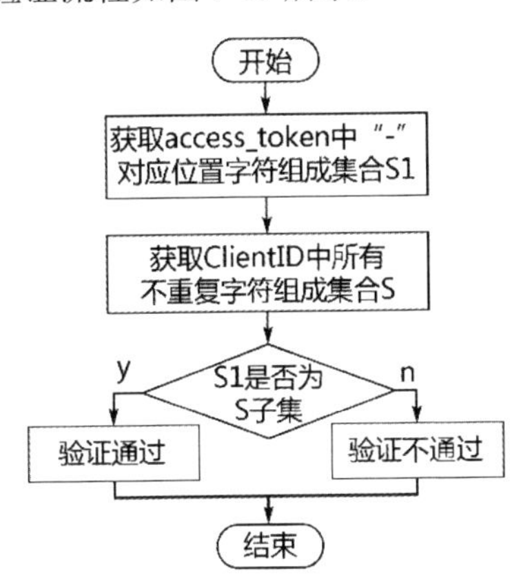

图 7-11　特殊形式 token 验证流程

这种验证方案最大的优势是，整个初选过程不需要访问任何存储介质，而是消耗 CPU 计算资源，并且整个过程是无状态的，可以随时扩展机器资源。

其缺点也很明显，这种验证更像是一种奇技淫巧，利用了一些 UUID 的特性，一旦被黑客发现规律（随机选 4 个就是为了让规律不容易被推敲）这种方案就会被直接攻破。

最后，本书中提到的这种方案，随着本书的出版，也算是将这种规律公之于众了。但是，该方案在生产中已经无法使用，而且这种方案的整体安全性比较弱，在实际工作中使用的是更复杂的 token 编码方式。

在实际生产中，通常会将以上 3 种方案结合起来使用，即首先使用自定义格式的 token 进行过滤，然后使用内存数据过滤，最后访问真实数据源。

7.3 JWT 实现

7.3.1 JWT 简介

JWT（JSON Web Token）是一种结构化的自编码 token。

JWT 本质上也是一个字符串，并且作为 bearer 类型的 token，用户完全不需要理解 JWT 自身的数据结构和编码，只需使用该字符串进行请求即可。但是，开放平台需要知道 JWT 的内部结构，以及如何解析。JWT 实际上由头部、载荷和签名 3 部分组成，下面依次对它们进行介绍。

1. 头部（Header）

头部用于描述 JWT 的最基本信息，常见的包括 JWT 的类型和所使用的签名算法。头信息是一个 JSON 字符串。

JWT 头信息示例数据如示例 7.6 所示。从中可以看到类型（type）是 JWT，使用的签名算法（alg）是 HS256（HMac-SHA256 签名算法，相关内容在第 6 章中有过介绍）。

```
{"type":"JWT","alg":"HS256"}
```

示例 7.6 JWT 头信息示例数据

2. 载荷（Payload）

载荷是存放真实信息的部分。这个名称的来源可能是运输行业。如果把 JWT 比作一辆货车，那么信息就是载荷。这些真实信息又会分为以下两个部分。

1）标准中注册的声明（建议但不强制使用）

- iss：JWT 签发者。
- sub：JWT 所签发的用户。
- aud：JWT 所表明的资源。
- exp：JWT 的过期时间，这个过期时间要大于签发时间。

- nbf：定义在什么时间之前该 JWT 是无法使用的，一般和签发时间相同。
- iat：JWT 签发时间。
- jti：JWT 的唯一身份标识。

2）自定义声明

自定义声明：可以自由定义不在标准中的任何字段，满足自身业务需求。这部分内容又可以分为公共声明和私有声明。

示例 7.7 所示为一个简单的载荷示例。其中，sub 字段是 JWT 标准声明，name 和 admin 字段是自定义声明。

```
{"sub":"668668","name":"OAuth","admin":true}
```

示例 7.7　载荷示例

3．签名（Signature）

JWT 的第三部分是服务端的签名，后续服务端会使用该签名进行验签，以保证 JWT 的真实性。

签名内容为 Base64(Header)+Base64(Payload)+secret。

第一部分为对 Header 进行 Base64 编码后得到的字符串，第二部分为对 Payload 进行 Base64 编码后得到的字符串，secret 是服务端保存的密钥，不对外公开，也是签名和验签的重要凭证。

服务端使用 Header 中的签名算法，在对该字符串签名后，进行 Base64 编码，最终得到 JWT 的第三部分。

有了头部、载荷和签名后，使用如示例 7.8 所示的格式进行拼接后，便得到最终的 JWT。

```
Base64(Header).Base64(Payload).Signature
```

示例 7.8　JWT 整体结构

示例 7.8 中将使用“.”进行 Base64 编码后的 Header 和 Payload 与 Signature 拼接后得到 JWT。第三方应用和开放平台直接使用该字符串进行相关权限校验。

7.3.2　JWT 简单实战

下面基于 jjwt 开源项目，对 JWT 的使用进行一个简单实战，后续的 JWT 版本的 access_token 实现也将在该开源项目的基础上进行讲解。该项目的 maven 坐标如下。

```
<dependency>
   <groupId>io.jsonwebtoken</groupId>
   <artifactId>jjwt</artifactId>
   <version>0.9.0</version>
</dependency>
```

首先是一个简单的 JWT 生成例子，代码如示例 7.9 所示。

```
@Test
public void testBasic() {
    String compact = Jwts.builder()
            //设置一个头信息
            .setHeaderParam("type", "JWT")
            //设置 jti
            .setId(UUID.randomUUID().toString())
            //设置 sub
            .setSubject("user1")
            //设置 iat
            .setIssuedAt(new Date())
            //使用 HMac-SHA256 算法进行签名，使用的密钥是 mysecret
            .signWith(SignatureAlgorithm.HS256, "mysecret")
            //进行编码压缩
            .compact();
    System.out.println(compact);
}
```

示例 7.9　JWT 基本示例

在示例 7.9 中，给 JWT 中设置了一个 type 字段，并设置了标准的载荷声明，包括 jti、sub、iat。最后指定使用 HMac-SHA256 算法进行签名，使用的密钥是 mysecret。

示例 7.9 运行后得到如下的结果。


```
eyJ0eXBlIjoiSldUIiwiYWxnIjoiSFMyNTYifQ.eyJqdGkiOiJkMjMyYzc1MC1iY
zcwLTQ0ZGMtODc4ZC0zMGUxNzVlMmFiYTEiLCJzdWIiOiJ1c2VyMSIsImlhdCI6MTY0N
TA2NzMyMn0.7w0lyPpmVwUID5ggBXDpZ6j3krrpz3PGxJrY7855AlU
```


上面的结果是经过 Base64 编码后，得到的结果，虽然人眼不能识别，但是可以找在线解析软件进行解析，解析结果如图 7-12 所示。

图 7-12 中解析出了所有的头部和载荷信息，均为明文信息。也就是说，任何人都能对 JWT 进行解码，所以通常不建议在 JWT 中存储任何敏感信息。

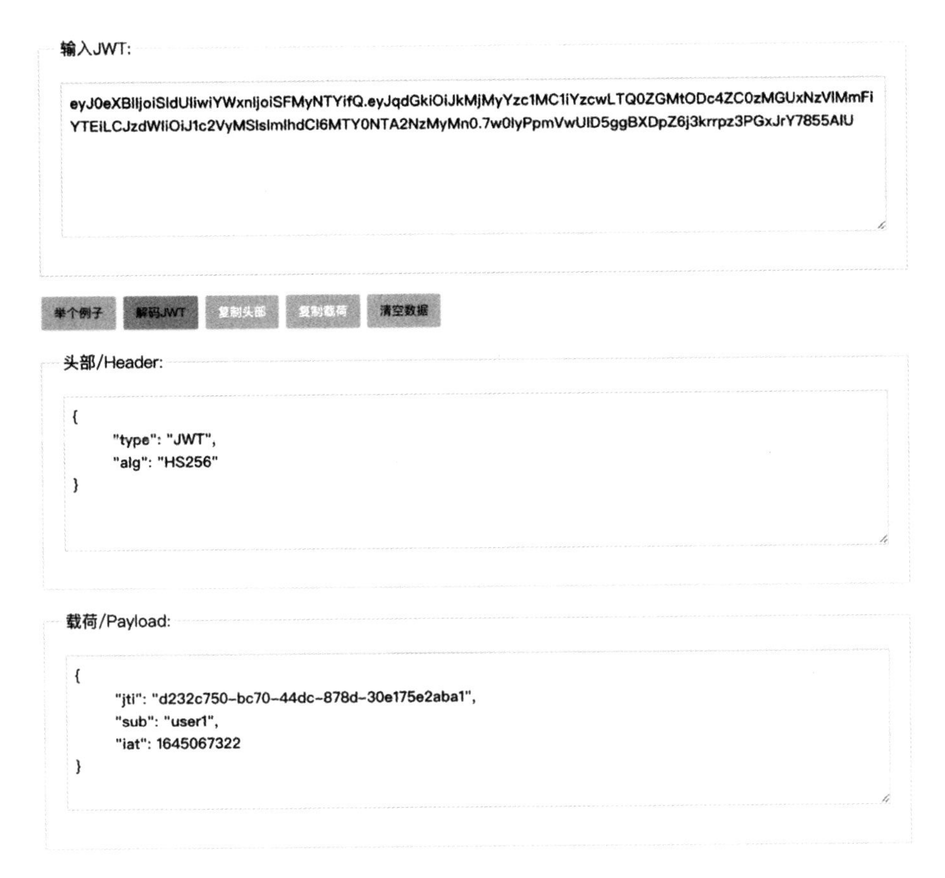

图 7-12　JWT 解码结果 1

下面使用一个例子说明如何使用 jjwt 在自己的服务器端解析 JWT 的明文内容，并进行输出，其代码如示例 7.10 所示。

```
    @Test
    public void testVerify() {
        //模拟客户端传来的 JWT
        final String jwtToken = "eyJ0eXBlIjoiSldUIiwiYWxnIjoiSFMyNTYif
Q.eyJqdGkiOiJkMjMyYzc1MC1iYz" +
                "cwLTQ0ZGMtODc4ZC0zMGUxNzVlMmFiYTEiLCJzdWIiOiJ1c2VyMSI
sImlh" +
                "dCI6MTY0NTA2NzMyMn0.7w0lyPpmVwUID5ggBXDpZ6j3krrpz3PGx
JrY7855AlU";
        Jwt jwt = Jwts.parser()
                // 用来验签的密钥和生成签名时保持一致
                .setSigningKey("mysecret")
```

```
                .parse(jwtToken);
        //获取头信息
        Header header = jwt.getHeader();
        System.out.println(header);
        //获取 body 信息
        Object body = jwt.getBody();
        System.out.println(body);
    }
```

示例 7.10　服务器端解析 JWT 的代码

在示例 7.10 中，利用 jjwt 对上一个例子获取到的 JWT 进行解析，需要注意的是，要使用相同的密钥。示例 7.10 的解析结果如下。

```
{type=JWT, alg=HS256}
{jti=d232c750-bc70-44dc-878d-30e175e2aba1, sub=user1, iat=1645067322}
```

相比于使用工具解析，使用 jjwt 解析会增加相应的校验步骤。最基本的校验，便是签名校验。如果修改 jwtToken 字符串中的任意一个字符，则校验会失败，最终得到如下异常提示。

```
io.jsonwebtoken.SignatureException: JWT signature does not match locally computed signature. JWT validity cannot be asserted and should not be trusted.
```

JWT 一般不会是永久有效的，所以在生成 JWT 时，需要指定过期时间。服务端在校验 JWT 时，也会验证该 JWT 是否已经过期。下面的例子展示了相关流程。

示例 7.11 所示为指定 JWT 过期时间的代码示例，其输出结果如下。


```
eyJ0eXBlIjoiSldUIiwiYWxnIjoiSFMyNTYifQ.eyJqdGkiOiI1MzAxODg0My05ZTIyLTQ0M2UtOTcwOC01MzJkYjYzOTQxNDUiLCJzdWIiOiJ1c2VyMSIsImlhdCI6MTY0NTE1MDA4NiwiZXhwIjoxNjQ1MTUwMTE1fQ.oCfXkziriGY1HLHATXEnpv-rjzvXIpUnAaIlFug6Ngs
```


```
    @Test
    public void testTimedToken() {
        //设置 30 秒过期
        long exp = System.currentTimeMillis() + (1000 * 30);
        String compact = Jwts.builder()
                //设置一个头信息
                .setHeaderParam("type", "JWT")
                //设置 jti
```

```
            .setId(UUID.randomUUID().toString())
            //设置 sub
            .setSubject("user1")
            //设置 iat
            .setIssuedAt(new Date())
            //设置 JWT 过期时间，这里为 30 秒
            .setExpiration(new Date(exp))
            //使用 HMac-SHA256 算法进行签名，使用的密钥是 mysecret
            .signWith(SignatureAlgorithm.HS256, "mysecret")
            .compact();
    System.out.println(compact);
}
```

示例 7.11　指定 JWT 过期时间的代码示例

当再次使用示例 7.10 中的代码解析上面示例 7.11 的输出时，就会自动校验 JWT 的有效期。如果 JWT 已经失效，则会得到如下错误信息。

```
io.jsonwebtoken.ExpiredJwtException: JWT expired at xxxx-02-18T10:08:35Z. Current time: xxxx-02-18T10:13:09Z, a difference of 274688 milliseconds.  Allowed clock skew: 0 milliseconds.
```

最后，使用一个例子说明如何在 JWT 中添加自定义的属性，其代码如示例 7.12 所示。

```
@Test
public void testCustomField() {
    //设置 30 秒过期
    long exp = System.currentTimeMillis() + (1000 * 30);
    String compact = Jwts.builder()
            //设置一个头信息
            .setHeaderParam("type", "JWT")
            //设置 jti
            .setId(UUID.randomUUID().toString())
            //设置 sub
            .setSubject("user1")
            //设置 iat
            .setIssuedAt(new Date())
            //自定义字段
            .claim("client_id", "1")
            //设置 JWT 过期时间，这里为 30 秒
            .setExpiration(new Date(exp))
```

```
            //使用 HMac-SHA256 算法进行签名，使用的密钥是 mysecret
            .signWith(SignatureAlgorithm.HS256, "mysecret")
            .compact();
    System.out.println(compact);
}
```

示例 7.12　在 JWT 中添加自定义属性的代码示例

在示例 7.12 中，使用 claim()方法指定自定义载荷属性 client_id，其值为 1。运行示例 7.12 的代码后，得到如下内容。

eyJ0eXBlIjoiSldUIiwiYWxnIjoiSFMyNTYifQ.eyJqdGkiOiIxMjQyMDAzZC0zOWJjLTRhYjctYTYzYy0xMDA1ZTBlNzIzYzQiLCJzdWIiOiJ1c2VyMSIsImlhdCI6MTY0NTE1MDY3MSwiY2xpZW50X2lkIjoiMSIsImV4cCI6MTY0NTE1MDcwMX0.xwBHRRUTmTgbFkjAsvbPOe72PYq_gNIwDlm1kbw42rg

将以上结果输入到第三方工具中，从而得到如图 7-13 所示的结果，并在载荷内容中可以看到自定义的 client_id 已经在载荷中了。

图 7-13　JWT 解码结果 2

> **注意**
>
> 如果读者运行示例中的代码，则得到的结果由于时间戳不一样，因此一定和本书中得到的结果不一致。

7.3.3　基于 JWT 实现的授权信息

下面开始介绍基于 JWT 实现的 access_token 方案。

JWT 版本的 access_token 所对应的生命周期，只有短生命周期的无刷新 access_token，以及短生命周期的可刷新 access_token。下面将对这两种方案进行详细介绍。

1. 短生命周期的无刷新 access_token

这种方案的 access_token，使用 JWT 实现比较简单，只需在生成 JWT 时，指定一个可以接受的 JWT 过期时间即可。最重要的环节是，将相关业务信息填充到 JWT 的载荷中。下面对 access_token 所对应的 JWT 载荷中的各字段进行定义。

图 7-14 所示为 JWT 与标准授权字段的对应关系，展示了基于随机字符方案实现的 access_token 中所定义的各字段与 JWT 方案中所定义的各字段的对应关系。

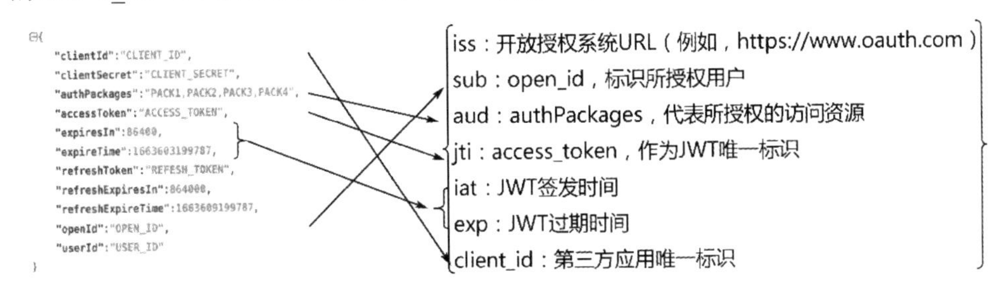

图 7-14　JWT 与标准授权字段的对应关系

以右侧（JWT）为基准，对图 7-14 中的对应关系进行介绍。

- iss 字段：用来标识 JWT 的发放者，是 JWT 所特有的，因此不存在对应关系。
- sub 字段：用来标识 JWT 所属用户。在开放平台场景中，由第三方应用的 ClientID 和 OpenID 唯一确定系统中的一个用户，所以这里用来保存 OpenID。
- aud 字段：用来标识该 JWT 所对应的权限范围。在开放平台中，用权限包表示，所以这里是权限包列表（用逗号分隔的字符串）。
- jti 字段：用来标识该 JWT 的唯一性。在开放平台中，对应于 access_token。
- iat 字段：用来标识 JWT 签发时间。

- exp 字段：用来标识 JWT 过期时间。在开放平台中，对应于过期时间。
- client_id 字段：自定义字段，在开放平台中，代表第三方应用的唯一标识。

未被对应的左侧字段，包括 clientSecret、refreshToken、refreshExpiresIn、refreshExpireTime 和 userId。其中，clientSecret 和 userId 由于 JWT 能直接解码为明文，相比于保存在服务器中，存在极大的安全风险，不再进行保存；refreshToken 相关内容由于在该方案中不再使用，因此不需要保存。

授权系统在收到第三方应用发起的获取 access_token 请求后，首先会完成必要的校验，校验通过后，生成包含图 7-14 右侧信息的 JWT，并创建如示例 7.13 所示的结果，返回给第三方应用。

```
{
  "access_token": JWT,
  "expires_in":86400,
  "open_id":"OPENID",
  "scope":"SCOPE",
  "token_type":"bearer"
}
```

示例 7.13　第三方应用收到的授权信息 1

在示例 7.13 中，各字段含义保持不变。这里重点对 access_token 字段进行说明，因为该字段被赋值为 JWT，不再是一个随机字符了。同时，虽然 expires_in、open_id 和 scope 参数所表示的信息均可在 JWT 中解码获取，但是还是选择显示地返回给第三方应用，这是为什么呢？其原因就在于，token_type 是 bearer。也就是说，access_token 对应的 JWT 对第三方应用来说没有任何意义，JWT 的结构和相关信息是给授权系统使用的。

开放平台收到开放 API 调用后，会向授权系统发起鉴权请求。授权系统在收到鉴权请求后，首先会验证 ClientID 是否有效，然后对收到的 JWT 进行解码。如果解码失败、验签失败或者 JWT 已经失效，则返回无效的 access_token 提示信息。相关操作可以参考上面的 JWT 使用示例。

如果某个用户对于特定第三方应用的授权还没有过期，则该用户再次对该第三方应用进行授权时，由于在授权系统中并没有保存任何授权信息，因此无法返回还在有效期内的授权信息给第三方应用，而只能生成新的授权信息返回给第三方应用。这就会导致在相同时间段内，有多个可用的 access_token。这是 JWT 方案的一个缺点，可以通过限制用户授权次数进行一定程度上的规避。

如果 JWT 被泄露，则黑客可以使用该 JWT 调用开放能力进行攻击。由于 JWT 一经颁发除非该 JWT 过期，否则没有办法直接取消，因此授权系统只能通过 JWT 中的 jti 字段进行黑名单拦截。也就是说，授权系统在收到恶意攻击报警后，将 JWT 的 jti（JWT 唯一标识）添加到 access_token 黑名单中进行拦截。

最后，JWT 由于没有有效的主动取消授权手段，因此 JWT 的有效期不能太长。在没有刷新机制的情况下，需要用户频繁地进行授权操作。

2．短生命周期的可刷新 access_token

由于 JWT 所生成的 access_token 过期时间较短，因此第三方应用需要一种刷新机制来延长 acccss_token 的生命周期。增加一种刷新机制，虽然增加了对接成本，但是能有效支持一些复杂业务，从总体上看是值得的。下面对可刷新的 JWT 进行介绍。

可刷新的 JWT 的内容结构和图 7-14 右侧保持一致。也就是说，可刷新的 JWT 不需要在头部和载荷中增加任何额外信息。

当第三方应用发起获取 access_token 请求后，授权系统会返回如示例 7.14 所示的结果。

```
{
  "access_token":JWT,
  "expires_in":86400,
  "refresh_token":JWT,
  "refresh_expires_in":864000,
  "open_id":"OPENID",
  "scope":"SCOPE",
  "token_type":"bearer"
}
```

示例 7.14　第三方应用收到的授权信息 2

相比于示例 7.13，示例 7.14 增加了 refresh_token 和 refresh_expires_in 字段，用来支持第三方应用刷新 access_token 的有效期。需要注意的是，示例 7.14 中的 refresh_token 和 access_token 是相同的 JWT，即用户使用相同的 JWT 进行开放能力请求和 access_token 刷新。refresh_expires_in 是 refresh_token 的有效时间段（以秒为单位），对于 JWT 来说，就是该 JWT 最后可以用作刷新 access_token 的有效时间段。

为了能支持 JWT 进行 access_token 刷新，授权系统在 JWT 校验时需要对其进行相应修改，其代码如示例 7.15 所示。

```
@Test
```

```
public void testVerifyRefreshable() {
    //模拟客户端传来的 JWT
    final String jwtToken = "eyJ0eXBlIjoiSldUIiwiYWxnIjoiSFMyNTYifQ." +
            "eyJqdGkiOiI1MzAxODg0My05ZTIyLTQ0M2UtOTc" +
            "wOC01MzJkYjYzOTQxNDUiLCJzdWIiOiJ1" +
            "VyMSIsImlhdCI6MTY0NTE1MDA4NiwiZXhwIjoxNjQ1MTUwMTE1fQ" +
            ".oCfXkziriGY1HLHATXEnpv-rjzvXIpUnAaIlFug6Ngs";
    /*验证 JWT*/
    Jwt jwt = Jwts.parser()
            .setAllowedClockSkewSeconds(777600)
            // 用来验签的密钥和生成签名时保持一致
            .setSigningKey("mysecret")
            .parse(jwtToken);
    DefaultClaims body = (DefaultClaims)jwt.getBody();
    Date expiration = body.getExpiration();
    if (System.currentTimeMillis() - expiration.getTime() > 3600 *
1000) {
        throw new IllegalStateException("token 有效期还比较长，请稍后刷新");
    }
    /*生成新的 JWT 并返回*/
    //设置 30 秒过期
    long exp = System.currentTimeMillis() + (1000 * 30);
    String compact = Jwts.builder()
            //设置一个头信息
            .setHeaderParam("type", "JWT")
            //设置 jti
            .setId(UUID.randomUUID().toString())
            //设置 sub
            .setSubject("user1")
            //设置 iat
            .setIssuedAt(new Date())
            //自定义字段
            .claim("client_id", "1")
            //设置 JWT 过期时间，这里为 30 秒
            .setExpiration(new Date(exp))
            //使用 HMac-SHA256 算法进行签名，使用的密钥是 mysecret
            .signWith(SignatureAlgorithm.HS256, "mysecret")
            .compact();
    System.out.println(compact);
}
```

示例 7.15　支持刷新授权信息的服务器的代码示例

示例 7.15 使用单元测试模拟授权系统收到 JWT 刷新请求后的相关操作。

示例 7.15 首先模拟了一个收到的 JWT，然后对 JWT 进行验证。这里主要进行了签名认证和有效期认证。需要注意的是，在代码中增加了一个 setAllowedClockSkewSeconds(777600)方法调用，该方法的作用是让 JWT 在已经过期 777600 秒后，依然能验证通过。777600 这个数字是由 864000−86400 得到的，其中 864000 为 refresh_token 有效期，86400 为 access_token 有效期。

与此同时，示例 7.15 的代码对 access_token 的过期时间做了进一步判断，如果 access_token 的有效期还比较长，则不进行后续生成新的 JWT 的相关操作。

接着，示例 7.15 的代码模拟生成了 JWT。需要注意的是，这里只是示例代码，没有演示相关的验证流程和赋值流程。在实际生成新的 JWT 时，首先从收到的 JWT 中获取 ClientID，然后使用该 ClientID 获取第三方应用信息中的 ClientSecret，并与通过参数传入的 ClientSecret 进行一致性校验。如果校验通过，则使用传入的 JWT 中的 sub 和 client_id 字段对应值，作为新 JWT 的字段对应值，从而生成新的 JWT。

最后，为了能在一定程度上支持 JWT 版本的 access_token 失效，在刷新操作时，可以加入黑名单校验，即通过 ClientID 和 OpenID（sub 字段）获取 UserID 后，判断该用户是否已经将第三方应用加入黑名单。如果已经加入黑名单中，则不再生成新的 JWT。当然，已经签发的 JWT 只能静待该 JWT 过期失效。

7.3.4　基于 JWT 的 access_token 方案总结

以上就是 JWT 作为 access_token 的全部内容，相比于随机字符方案，该方案最大的优势在于服务端不需要保存授权信息，这对于用户量庞大的授权系统来说，能节省大量的存储服务器资源。

但是，该方案也存在一些缺点。

首先，access_token 包含了所有信息，虽然授权系统不需要进行保存，但是第三方应用却要对其进行保存，相当于把存储压力从授权系统转移到第三方应用中。

然后，无法主动失效已经签发的 JWT 只能通过黑名单的方式，限制已经签发的 JWT 进行请求，或者生成新的 JWT。

在目前的实践应用中，很多实现使用的是随机字符的方案，因为该方案虽然消耗存储资源，但是能为对接方提供更好的体验。

7.4 权限包与 Scope

7.4.1 Scope 概念引入

用户在对第三方应用进行授权时，会将自己所拥有的权限授权给第三方应用，使第三方应用在获取这些权限后，就能调用权限所对应的开放能力。在授权系统中，使用 Scope 表示一组完整的权限能力。

下面简单回忆在使用权限码进行授权时，在哪些地方使用过 Scope。

第三方应用引导用户进入登录页面进行授权登录，此时第三方应用会拼接获取 code 的请求。在该请求中便有 scope 参数，而 scope 参数所对应的值为第三方应用想要申请的权限列表，是用“，”进行分隔的 Scope 字符串，如“SHOP_SCOPE, ADDRESS_SCOPE, USER_SCOPE”代表了第三方应用想要申请的权限有 3 种。

授权系统在收到第三方应用发送的请求后，会获取第三方应用在创建时所获取的所有 Scope。

将以上的两个 Scope 列表取交集后，便得到展示给用户的 Scope 列表。用户在给第三方应用授权时，会在授权页面上看到该 Scope 列表所对应的授权项，以明确自己的授权范围。

在如图 7-15 所示的用户授权页面中，terms 就是根据上一步取交集后获取的 Scope 列表，用来展示给用户知晓的授权范围。

随后，用户在该页面进行登录，完成授权操作。授权系统在收到用户授权后，在当前 Scope 列表的基础上，再与用户所拥有的权限所对应的 Scope 列表进一步取交集，将其作为最终的 Scope 列表，并把 code 码返回给第三方应用。

最后，第三方应用使用 code 码获取 access_token，授权系统会返回授权信息。该授权信息中会包含 scope 参数，对应的值为最终的 Scope 列表。该列表和最初第三方应用在发起授权时的 Scope 列表可能不同，一般前者可能是后者的子集。

在第三方应用拿到授权信息并进行开放能力调用时，授权系统会通过该能力所对应的 Scope 是否包含在 access_token 的 Scope 列表中，进行权限校验，从而实现对资源的保护。

以上是整个基于 code 授权模式全流程中所有使用 Scope 的流程节点。下面基于该流程进行 Scope 和权限包概念的阐述。

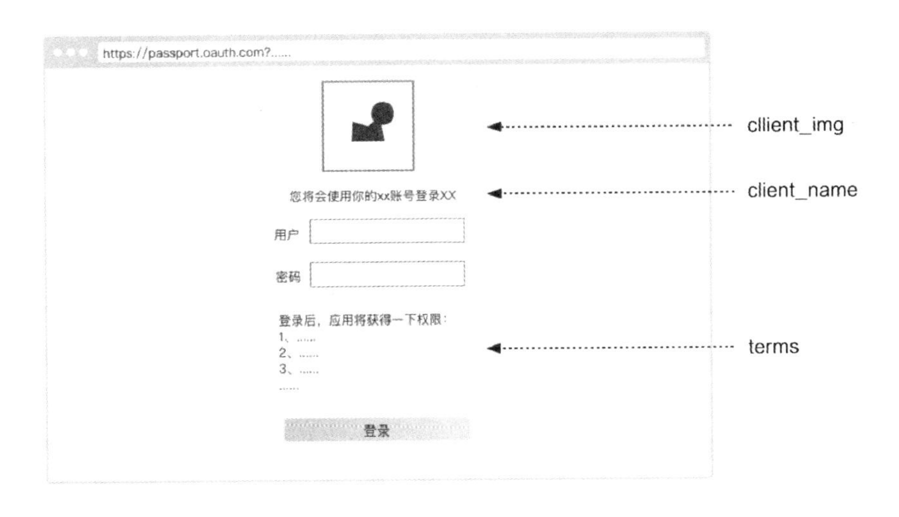

图 7-15　用户授权页面

7.4.2　开放平台中的 Scope 实现细节

首先给 Scope 一个明确定义。图 7-16 所示为权限包与 Scope 的对应关系，展示了 Scope 在开放平台中的作用。

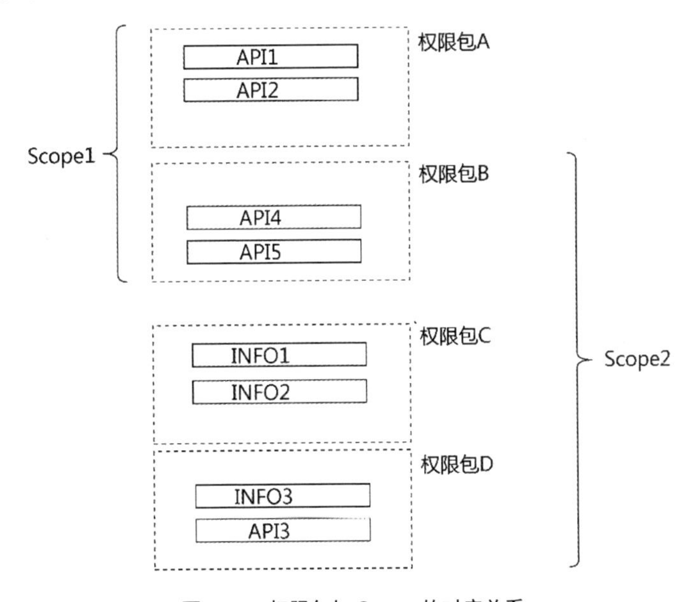

图 7-16　权限包与 Scope 的对应关系

在开放平台中，需要保护的所有 API 调用权限及用户信息，都可以抽象为资源。

在有了资源以后，为了有效地管理资源，开放平台会对资源进行分组，将一组与功能相关的资源，包装到一个权限包中。最后，运营人员会将一组权限包，包装为一个 Scope，用来支撑某个业务场景功能的实现。从图 7-16 中可以看到，一个权限包是可以属于多个 Scope 的，因为在不同的场景中，可能会使用到相同的权限包。与之相比，资源只能归于一个权限包。

在这套权限的基础上，暴露给用户和第三方应用的只有 Scope。而具体的权限包，以及其下的资源由开放平台进行管理和使用。

开放平台中的内部系统管理人员，通过 HUB 系统，将系统内部的某些能力发布给开放 API。内部系统管理人员在发布时，会选择自己的开放 API 所对应的权限包（如果不存在合适的权限包，则需要联系开放平台运营人员创建合适的权限包），并将自己的 API 放到相应的权限包中。

同时，HUB 系统还会为 API 生成文档，使第三方应用开发者可以通过门户系统查看相应文档，确定自己需要在创建应用时申请哪些 Scope。

开放平台的系统用户需要在开放平台所服务的系统中，通过购买各种插件来拥有各种 Scope。

最后，无论是第三方应用还是系统用户，都会在创建时拥有默认的 Scope 列表。

以上的这些能力，都由授权系统在开放平台中的其他协作系统所完成，所以这里不进行深入讨论。对于授权系统来说，Scope 的主要操作都集中在上述基于 code 的授权流程中。

需要注意的是，授权信息中的 scope 参数所对应的 Scope 列表，是第三方应用所拥有的 Scope 列表、系统用户所拥有的 Scope 列表，以及第三方应用在发起授权请求时 scope 参数所指定的 Scope 列表这三者的交集。它们之间的关系如图 7-17 所示。

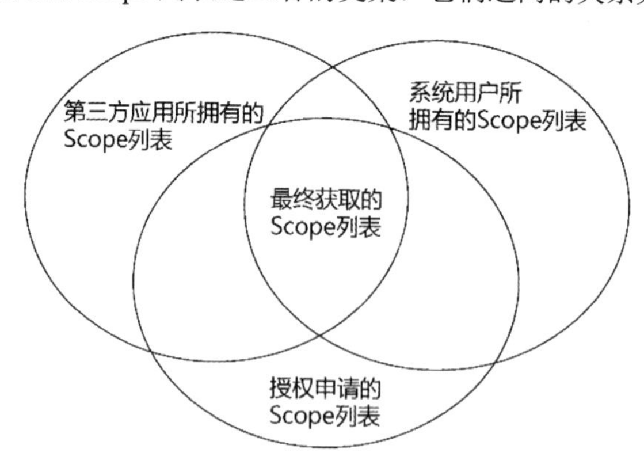

图 7-17　各 Scope 列表之间的关系

由于最终获取的 Scope 列表和发起授权时申请的 Scope 列表可能不同，因此授权系统在返回的授权信息中，明确了第三方应用真实获取的 Scope 列表。这时，第三方应用有责任对比自己申请的 Scope 列表和真实获取的 Scope 列表之间的出入。如果真实获取的 Scope 列表较少，则意味着第三方应用需要支持自身系统功能所对应的一些开放 API 无法调用，从而无法为用户提供有效的服务。此时，第三方应用需要提示用户在开放平台所服务的系统中，购买或开通相应的功能，或者检查第三方应用自身所拥有的功能是否已经过期。

7.5　SDK

通常开放平台的开放能力都是通过 HTTP 接口进行暴露的，对接方需要自己实现使用 HttpClient 进行相关功能调用。在调用开放能力时，还需要进行签名、验签、授权，以及加解密相关的操作，对接方也需要按照开放平台的文档进行实现。

上面所有的操作，都需要开发者按照开放平台的文档逐个实现并进行调试，整个过程不仅对对接方的技术要求高，还需要对接方研读开放平台的相关文档，使对接成本很高。

为了能降低对接成本，开放平台一般会向第三方应用提供 SDK。通过 SDK 将与开放能力调用相关的操作进行封装，并提供签名、验签、授权，以及加解密相关的工具能力。最终第三方应用开发者会得到一个自己所熟悉语言的功能包，直接调用函数，即可实现相关功能，从而大大降低了接入成本。

SDK 的实现细节分为很多版本，有直接写好发布到 GitHub 上供所有人下载的，也有根据第三方应用所拥有的权限动态生成第三方应用特有的 SDK，这里不进行深入讨论。下面重点讨论 SDK 中提供的与授权相关的能力，这里以基于 code 的授权模式为例进行讲解。

在 code 授权模式中，第一步是获取 code。第三方应用所需要做的工作是，拼接如示例 7.16 所示的请求链接。所以 SDK 中会提供以 clientId、redirectUrl、state 及 scopes 为入参的函数，拼接如示例 7.16 所示的请求。代码如示例 7.17 所示。

```
    https://example.OAuth.com/OAuth 2/authorize?client_id=
##&response_type=code&redirect_url=##&state=##&scope=##
```

示例 7.16　获取 code 码的请求链接

```
public class UrlUtils {

    /**
     * 用来获取 code 地址
     * @param clientId 第三方应用在开放平台的唯一标识
     * @param state 状态码
     * @param redirectUrl 回调地址
     * @param scopes 权限包列表
     * @return
     */
    public static final String codeUrl(String clientId, String state,
String redirectUrl, List<String> scopes) {
        //获取 code 地址模板
        final String template = "https://example.OAuth.com/OAuth
2/authorize?client_id=%s&response_type=code&redirect_url=%s&state=%s
&scope=%s";
        //将 scopes 参数的列表拼接为字符串形式
        String strScopes = scopes.stream().collect(Collectors.
joining(","));
        return String.format(template, clientId, redirectUrl,state,
scopes);
    }
}
```

示例 7.17　获取 code 中 SDK 的代码示例

不过该功能比较简单，简单到只是进行字符串拼接，所以很多开放平台并不会提供相关的功能实现。

在获取 token 以后，第三方应用需要使用 code 换取 access_token，并进行 access_token 刷新操作。SDK 中会封装相应的功能，代码如示例 7.18 所示。

```
/**
 * 用来获取 access_token 和刷新 access_token 的工具类
 */
public class ExampleAccessTokenBuilder {
    /**
     * 无参构造函数，防止工具类被实例化
     */
    private ExampleAccessTokenBuilder() {
```

```
    }

    /**
     * 通过 code 构建 access_token
     * @param code 获取的 code 码
     * @param clientId 第三方应用的唯一标识
     * @param clientSecret 第三方应用的密钥
     * @return 获取的 AccessToken 返回结果
     */
    public static AccessToken build(String code, String clientId,
String clientSecret) {
        //构建配置信息，里面除了包含第三方应用的信息，还会包含一些默认的
HttpClient 参数的设置，这里不进行展开
        GlobalConfig globalConfig = new GlobalConfig();
        globalConfig.setClientId(clientId);
        globalConfig.setClientSecret(clientSecret);
        //这里的 DefaultClient.getDefaultClient()获取了 SDK 默认提供的
HttpClient
        return build(globalConfig, DefaultClient.
getDefaultClient(), code);
    }
    /**
     * 获取 access_token 的重载方法，允许第三方应用自定义 HttpClient
     * @param config 配置信息，会包含 ClientID 和 ClientSecret，以及一些
底层的 HttpClient 参数，这里不进行详细说明
     * @param client HttpClient
     * @param code 获取的 code 码
     * @return
     */
    public static AccessToken build(GlobalConfig config, Client
httpClient, String code) {
        //构建请求
        AccessTokenRequest request = new AccessTokenRequest();
        request.getParam().setCode(code);
        request.getParam().setGrantType("authorization_code");
        request.setConfig(config);
        request.setClient(client);
        //执行请求
```

```
            AccessTokenResponse resp = request.execute(null);
            return AccessToken.wrap(resp);
        }
        /**
         * 刷新 access_token
         * @param refreshTokenStr refresh_token
         * @param clientId 第三方应用的唯一标识
         * @param clientSecret 第三方应用的密钥
         * @return 授权信息
         */
        public static AccessToken refresh(String refreshTokenStr, String
clientId, String clientSecret) {
            GlobalConfig globalConfig = new GlobalConfig();
            globalConfig.setClientId(clientId);
            globalConfig.setClientSecret(clientSecret);
            //将 refresh_token 赋值到 access_token 中
            AccessToken accessToken = AccessToken.wrap(null,
refreshTokenStr);
            return refresh(globalConfig, DefaultClient.getDefaultClient(),
accessToken);
        }
        /**刷新 access_token 重载方法，可以指定 HttpClient*/
        public static AccessToken refresh(GlobalConfig config, Client
client, AccessToken accessToken) {
            //构建 access_token 刷新请求
            RefreshTokenRequest request = new RefreshTokenRequest();
            request.setConfig(config);
            request.setClient(client);
            request.getParam().setGrantType("refresh_token");
            request.getParam().setRefreshToken(accessToken.
getRefreshToken());
            //执行刷新获取结果
            RefreshTokenResponse response = request.execute(null);
            return AccessToken.wrap(response);
        }
    }
```

示例 7.18　token 相关的代码示例

示例 7.18 中的代码清晰地表述了自身所实现的功能，不需要做过多赘述。这里只针对重点进行必要说明。

首先是 GlobalConfig，该类封装了 SDK 进行请求的一些公共数据，在代码中体现为 ClientID 和 ClientSecret。在此基础上，还会包含一些 HTTP 请求的相关参数，如授权系统的 URL 地址、开放网关的 URL 地址，以及 HTTP 请求超时时间等。由于该类只是配置信息，并没有任何功能，这里不进行详细讲解。

然后是 AccessTokenRequest 和 AccessTokenResponse，以及 RefreshTokenRequest 和 RefreshTokenResponse 两组请求响应对。这是开放平台提供 SDK 的通用形式，一般会为每个功能提供一个 Request 执行请求，并返回一个 Response 包装返回结果。这里也不进行详细讲解。

最后是 AccessToken。无论是获取 access_token，还是刷新 access_token，都会将结果封装成该类，同时在刷新 access_token 时，也用到该类包装 refresh_token。综上所述，该类是 SDK 提供的 access_token 在第三方应用中的唯一体现，其代码如示例 7.19 所示。

```
public class AccessToken {
    //错误码
    private Long errNo;
    //提示消息
    private String message;
    //真正的 token 信息
    private AccessTokenData data;
    //唯一 ID，用来提交工单排查具体错误原因
    private String logId;

    public AccessToken() {
    }

   /**各种包装方法*/
    public static AccessToken wrap(AccessTokenResponse response) {
        AccessToken accessToken = new AccessToken();
        accessToken.errNo = response.getErrNo();
        accessToken.message = response.getMessage();
        accessToken.data = (AccessTokenData)response.getData();
        accessToken.logId = response.getLogId();
        return accessToken;
```

```
    }

    public static AccessToken wrap(RefreshTokenResponse response) {
        AccessToken accessToken = new AccessToken();
        accessToken.errNo = response.getErrNo();
        accessToken.message = response.getMessage();
        accessToken.data = (AccessTokenData)response.getData();
        accessToken.logId = response.getLogId();
        return accessToken;
    }

    public static AccessToken wrap(String accessTokenStr, String
refreshTokenStr) {
        AccessToken accessToken = new AccessToken();
        AccessTokenData tokenData = new AccessTokenData();
        tokenData.setAccessToken(accessTokenStr);
        tokenData.setRefreshToken(refreshTokenStr);
        accessToken.data = tokenData;
        return accessToken;
    }
    /**判断是否成功*/
    public boolean isSuccess() {
        return this.errNo != null && this.errNo == 0L;
    }
    /**get()和 set()方法*/
}
```

示例 7.19 授权信息封装

通过 SDK 提供授权功能，第三方应用开发者能有效地进行 access_token 生命周期的管理。唯一遗留的问题是，第三方应用开发者还需要知道何时进行 access_token 刷新，以及刷新成功后，如何更新自己的 access_token 信息。

有些人认为 SDK 需要为用户提供完全自动化的 access_token 刷新机制，让用户完全感知不到 access_token 的刷新操作，只需使用 access_token 执行请求即可。

但事实上，第三方应用开发者不仅会将 access_token 信息根据自身业务需要进行保存，而且会将保存信息中的 OpenID 与自身系统用户进行关联，所以 access_token 可能以任意形式，保存在任意存储中间件内。在这种前提下，由于开放平台无法预知去哪里获取 access_token 信息，以及完成刷新以后如何进行 access_token 信息更新，因此使用 SDK 提供一套 access_token 刷新机制就变得不可能了。

为了应对这种情况，有些 SDK 为第三方应用开发者提供了扩展点，让第三方应用开发者进行实现，并补充相应逻辑。但是个人感觉，这和让第三方应用开发者自己实现一套刷新机制几乎没有区别。

最后，简单讨论如何进行 access_token 刷新。最简单且通用的方式是，定时检查 access_token 是否过期，如果过期，则进行 access_token 刷新流程；如果没有过期，则直接跳过。授权系统一般会限制 access_token 刷新接口的调用次数，如每天 100 次，这种刷新方式能最大程度上减少刷新调用。

第 8 章

基于 Spring Security 的 OAuth 2 实战

前文对授权系统的相关功能进行了介绍，在介绍的过程中，虽然穿插了一些细节上的代码实现，但是对于整体的授权系统应该如何实现，并没有提供相关的代码参考。主要原因是，不同的授权系统应该根据自身的业务，实现符合自己需求的系统。但是为了完整性，本书需要有一章对整体落地进行介绍，所以本章基于 Spring Security 进行相关流程的简单演示。如果有需要从零开始实现自己的授权系统，则可以以这些演示为切入点，详细研究 Spring Security 的实现逻辑。

这里要强调的是，这些都是示例代码，切勿直接用于生产。并且，这里只演示标准的 OAuth 所指定的四种授权模式。

所有的项目都会统一使用 maven 进行演示，这里统一展示所依赖项目的 maven 坐标。

```
    <!--Spring Security-->
    <dependency>
        <groupId>org.springframework.boot</groupId>

<artifactId>spring-boot-starter-security</artifactId>
        <version>2.2.1.RELEASE</version>
    </dependency>
    <!--Web 项目所依赖的 starter-->
```

```
    <dependency>
        <groupId>org.springframework.boot</groupId>
        <artifactId>spring-boot-starter-web</artifactId>
        <version>2.2.1.RELEASE</version>
    </dependency>
    <!-- Spring Security OAuth 2 -->
    <dependency>

<groupId>org.springframework.security.OAuth</groupId>
        <artifactId>spring-security-OAuth 2</artifactId>
        <version>2.4.0.RELEASE</version>
    </dependency>
```

上面的 maven 依赖，只是简单地展示了所依赖项目的 maven 坐标，并非全格式的 pom 文件。

首先引入了 spring-boot-starter-security，用来进行权限校验，对应于鉴权部分的能力；然后是 spring-boot-starter-web，用来支持简单开发一个 Web 项目；最后是整个章节所要讨论的主体 spring-security-OAuth 2。

8.1　隐式授权模式

在开放平台中，最重要的两个系统是开放网关（资源访问服务器）和授权系统。其中，开放网关拥有开放能力的访问功能，并且开放网关会调用授权系统进行鉴权；而授权系统负责进行授权和鉴权。下面分别用最简的代码演示在隐式授权模式下使用 Spring Security 实现这两个系统。

8.1.1　授权系统的相关实现

首先介绍授权系统相关代码。进行授权的第一步是提供用户认证功能，所以需要先有用户登录功能。在如示例 8.1 所示的授权信息安全配置中，展示了如何通过 Spring Security 实现一个简单的用户登录和认证功能。

```
@Configuration
@EnableWebSecurity
public class SecurityConfig extends WebSecurityConfigurerAdapter {
```

```
    /***
     * 在 Spring 中注入一个 PasswordEncoder，用来对保存的密码进行编码
     * 通常不会保存用户的明文密码，以防止用户密码通过数据源泄露
     * @return
     */
    @Bean
    public PasswordEncoder passwordEncoder(){
        return new BCryptPasswordEncoder();
    }
    /**
     * 这里作为一个简单的示例，将用户认证信息直接保存到内存中
     * 这里保存了一个用户名为 OAuth 2，密码也为 OAuth 2 的用户认证信息到内存
中，用来支持用户登录
     * @param auth
     * @throws Exception
     */
    @Override
    protected  void  configure(AuthenticationManagerBuilder  auth)
throws Exception {
        //使用内存进行保存，在实际生产中一定是可持久化的数据源
        auth.inMemoryAuthentication()
                //指定用户名
                .withUser("OAuth 2")
                //指定密码
                .password(passwordEncoder().encode("OAuth 2"))
                //指定用户所拥有的资源，也就是前面所提到的 scope
                //这里作为演示，直接设置为空
                //也就是说，不进行 scope 校验
                .authorities(Collections.emptyList());
    }
     /**
     * 配置 Web 登录验证方式，当第三方应用发起授权请求后，用户会进行登录授权
     * 该配合结合上面的用户信息配置给授权系统提供了相关能力
     * @param http
     * @throws Exception
     */
    @Override
    protected void configure(HttpSecurity http) throws Exception {
                 http.authorizeRequests()
                //所有的请求都要进行认证
```

```
                .anyRequest().authenticated()
                .and()
                //使用最简单的浏览器提供的登录窗口进行登录
                //实际工作中会配置 form 表单方式，并自己实现页面
                .httpBasic()
                .and()
                //跨域相关的，这里进行关闭
                .csrf().disable();
        }
    }
```

示例 8.1　授权信息安全配置

示例 8.1 中的相关代码和注释能很清晰地阐述这段代码的作用。这里进行一个简单的总结。

使用@Configuration 注解，将该类声明为 Spring 的配置类，从而使 Spring 在启动时，加载并解析该类。

使用@EnableWebSecurity 注解，开启 Web 安全相关的组件，其中 EnableXXX 是 Spring 提供的一种组件化配置能力，其作用笼统来说，就是配置并注册一组功能相关的 Bean 到 Spring 容器中。

示例 8.1 中的类继承了 WebSecurityConfigurerAdapter 类，并重写两个 configure()方法，一个用来配置认证信息，另一个用来配置认证范围和认证方式。XXXAdapter 是 Spring 提供的一种配置简化类。

在拥有用户登录和认证能力后，就可以进行隐式授权模式的相关配置了，其代码如示例 8.2 所示。

```
    public class AuthorizationConfig extends
AuthorizationServerConfigurerAdapter {
          //这里是示例 8.1 中所注入的编码器
        @Autowired
        private PasswordEncoder passwordEncoder;
         @Override
        public  void  configure(AuthorizationServerSecurityConfigurer
security) {
            security.allowFormAuthenticationForClients()
                    //任何系统都可以请求获取 token
                    .tokenKeyAccess("permitAll()")
                    //验证 token 需要进行认证
                    .checkTokenAccess("isAuthenticated()");
```

```
    }

    @Override
    public void configure(ClientDetailsServiceConfigurer clients)
throws Exception {
        clients.inMemory()
                //客户端唯一标识
                .withClient("client")
                //授权模式标识，这里使用隐式授权模式
                .authorizedGrantTypes("implicit", "refresh_token")
                //设置 access_token 有效期
                .accessTokenValiditySeconds(120)
                //设置 refresh_token 有效期
                .refreshTokenValiditySeconds(3600)
                //作用域
                .scopes("api")
                //权限包
                .resourceIds("resource1")
                //允许的回调地址列表
                .redirectUris("https://www.baidu.com")
                .and()
                //资源服务器在校验 token 时使用的客户端信息,仅需要 client_id
与密码
                .withClient("open-server")
                .secret(passwordEncoder.encode("test"));
    }
  }
```

示例 8.2　OAuth 2 相关配置

示例 8.2 对 OAuth 2 相关内容进行了配置。

configure()方法配置了 token 获取和校验的认证方式。因为 token 获取的请求直接由客户端在浏览器发起，所以这里 tokenKeyAccess 使用“permitAll()”，也就是任何人都能获取 access_token；又因为校验 access_token 只对开放网关开放，所以将 checkTokenAccess 配置为“isAuthenticated()”。

configure()方法是具体的授权配置，这里使用内存方式进行配置，在实际生产中需要切换为可持久化的数据源。代码中给 client 配置了隐式授权模式，并且给 open-server 配置了一个密码，用来进行鉴权服务调用。

8.1.2 开放网关的相关实现

下面介绍开放网关的相关代码，如示例 8.3 所示。

```
//Spring 配置类
@Configuration
//开启资源服务器相关功能
@EnableResourceServer
public class ResourceConfig extends ResourceServerConfigurerAdapter {

    /**
     * 密码编码器
     * @return
     */
    @Bean
    public PasswordEncoder passwordEncoder() {
        return new BCryptPasswordEncoder();
    }
      /**
     * 配置 token 校验服务器，也就是授权系统的相关信息
     * @return
     */
    @Primary
    @Bean
    public RemoteTokenServices remoteTokenServices() {
        final RemoteTokenServices tokenServices = new RemoteTokenServices();
        //这里是 demo，直接按硬编码方式处理，在实际中应该从配置中获取
        tokenServices.setCheckTokenEndpointUrl
("https://localhost:8080/OAuth/check_token");
        //这里的 clientId 和 secret 对应资源服务器信息，授权服务器处的配置要
        //和示例 8.2 中的配置保持一致
        tokenServices.setClientId("open-server");
        tokenServices.setClientSecret("test");
        return tokenServices;
    }
    @Override
    public void configure(HttpSecurity http) throws Exception {
        //设置创建 session 策略
        http.sessionManagement().sessionCreationPolicy
(SessionCreationPolicy.IF_REQUIRED);
```

```
        //所有请求必须授权
        http.authorizeRequests()
                .anyRequest().authenticated();
    }

    @Override
    public void configure(ResourceServerSecurityConfigurer resources) {
        resources.resourceId("resource1").stateless(true);
    }
}
```

示例 8.3 开放网关的相关代码

定义一个简单的 Controller，作为要保护的资源，代码如示例 8.4 所示。

```
@RestController
public class ApiController {
    @GetMapping("/api")
    public String api(){
        return "api";
    }
}
```

示例 8.4 定义简单的 Controller

8.1.3 相关实现的验证

步骤 1 获取 access_token 信息。

拼接如示例 8.5 所示的请求链接。

```
https://localhost:8080/OAuth/authorize?client_id=client&redirect
_uri=https://www.baidu.com&response_type=token&scope=api
```

示例 8.5 获取授权信息的请求链接

示例 8.5 中的参数要与示例 8.2 中的配置保持一致。当在浏览器中输入示例 8.5 中的网址后，会弹出如图 8-1 所示的登录页面。这时用户需要输入自己在开放平台中的用户信息，进行授权。通过示例 8.1 可知，用户名和密码都为 OAuth 2。输入用户名和密码后，单击“登录”按钮，即可得到如图 8-2 所示的授权页面。

用户在图 8-2 中会被提示，要授权给第三方应用自己的所有权限。如果用户同意，则会进行授权；如果用户不同意，则不会进行授权。在前面介绍的相关授权内容中，登录和授权融合在了一起，读者需要注意区分。同时，这里会让用户选择所有的 Scope，而前面介绍的流程中，用户没有选择 Scope 的过程。这是因为在实际应用中，如果只授权给第三方应用所要求的部分 Scope，则第三方应用可能无法履行自己对用户承诺的功能。用户将 scope.api 设置为 Approve 后，单击“Authorize”按钮，即可得到图 8-3 所示的授权结果。

图 8-1　登录页面

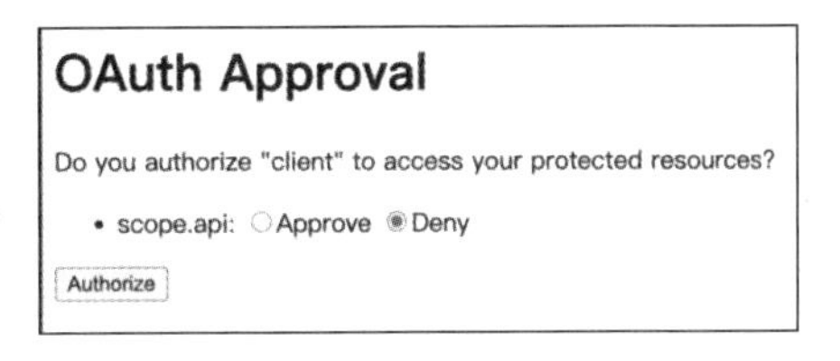

图 8-2　授权页面

baidu.com/#access_token=6616920e-b327-4b1e-8a5d-f9e1578b6bed&token_type=bearer&expires_in=119

图 8-3　授权结果

图 8-3 中 access_token 直接展示在浏览器的地址栏中。这时假设 baidu.com 就是第三方应用的网址，那么通过该回调请求，第三方应用获取 access_token 后，就可以使用该 access_token 请求资源服务器了。这里需要注意的是，即便在示例 8.2 中配置了 refresh_token，这里也不会返回，因为这种模式不支持 access_token 刷新。

步骤 2 验证使用该 access_token 进行开放能力的调用。

如果直接访问 API 资源，则会得到如图 8-4 所示的结果。服务器会提示，需要进行授权才能进行访问。

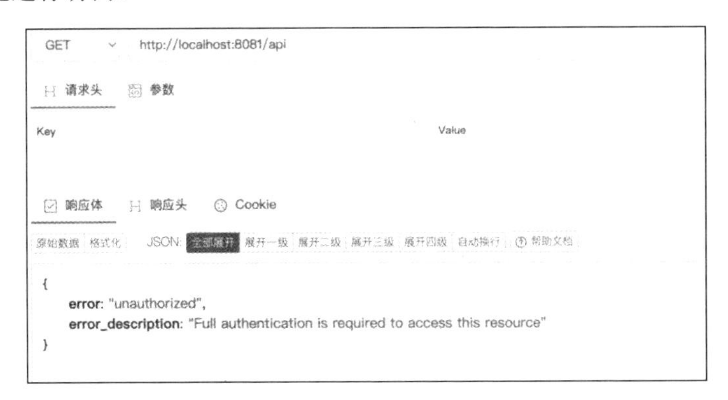

图 8-4　未授权时访问开放网关

如果将获取的 access_token 以图 8-5 中的方式设置到请求头中并访问，则会顺利获得结果。

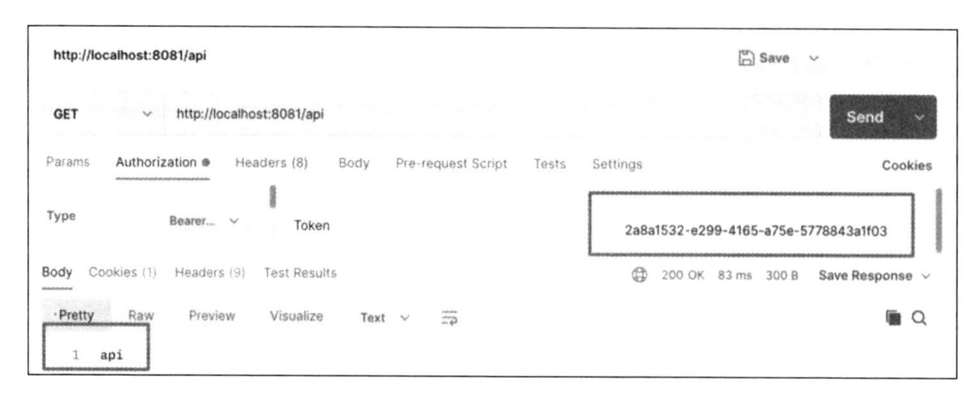

图 8-5　授权后访问开放网关

8.2　授权码授权模式

授权码授权模式同样分为授权系统和开放网关两个系统。两者的相互作用这里不再赘述。

8.2.1　授权系统的相关实现

在示例 8.6 中，对授权系统进行了用户信息登录认证的相关配置，同样在内存中保存了一个用户名和密码都为 OAuth 2 的用户。其他相关代码可以结合代码和注释进行理解。

```
@Configuration
//开启 Web 用户认证的相关功能
@EnableWebSecurity
public class SecurityConfig extends WebSecurityConfigurerAdapter {
    /***
     * 在 Spring 中注入一个 PasswordEncoder，用来对保存的密码进行编码
     * 通常不会保存用户的明文密码，以防止用户密码通过数据源泄露
     * @return
     */
    @Bean
    public PasswordEncoder passwordEncoder(){
```

```
        return new BCryptPasswordEncoder();
    }
    /**
     * 这里作为一个简单的示例，将用户认证信息直接保存到内存中
     * 这里保存了一个用户名为 OAuth 2，密码也为 OAuth 2 的用户认证信息到内存
中，用来支持用户登录
     * @param auth
     * @throws Exception
     */
    @Override
    protected  void  configure(AuthenticationManagerBuilder  auth)
throws Exception {
        //同样使用内存保存用户信息
        auth.inMemoryAuthentication()
                //设置用户名和密码
                .withUser("OAuth 2")
                .password(passwordEncoder().encode("OAuth 2"))
                .authorities(Collections.emptyList());
    }
     /**
     * 配置 Web 登录验证方式，当第三方应用发起授权请求后，用户会进行登录授权
     * 该配合结合上面的用户信息配置给授权系统提供了相关能力
     * @param http
     * @throws Exception
     */
    @Override
    protected void configure(HttpSecurity http) throws Exception {
        http.authorizeRequests()
                //所有请求都需要通过认证
                .anyRequest().authenticated()
                .and()
                //基于浏览器提供的弹窗进行登录
                .httpBasic()
                .and()
                //关闭跨域保护
                .csrf().disable();
    }
}
```

示例 8.6　安全配置

示例 8.7 中配置重写了两个 configure()方法。

第一个 configure()方法的作用和 8.1 节中的保持一致。

第二个 configure()方法有所区别，首先指定了 client 所对应的密码 secret，这是因为在授权码授权模式下，第三方应用在使用 code 获取 access_token 时，需要传递 ClientID 和 ClientSecret，并且授权系统需要对相关信息进行校验。同时，指定了支持的授权模式为 authorization_code，即授权码授权模式。

```
    //配置授权服务器
    @Configuration
    //开启授权服务
    @EnableAuthorizationServer
    public class AuthorizationConfig extends
AuthorizationServerConfigurerAdapter {
         @Autowired
        private PasswordEncoder passwordEncoder;
        /**
         * 配置所暴露的端点的权限校验
         * @param security
         * @throws Exception
         */
        @Override
        public  void  configure(AuthorizationServerSecurityConfigurer
security) throws Exception {
            //允许表单提交
            security.allowFormAuthenticationForClients()
                    //任何系统都可以请求获取 token
                    .tokenKeyAccess("permitAll()")
                    //验证 token 需要进行认证
                    .checkTokenAccess("isAuthenticated()");
        }
        /**
         * 授权功能的核心配置
         * @param clients
         * @throws Exception
         */
        @Override
        public void configure(ClientDetailsServiceConfigurer clients)
throws Exception {
            clients.inMemory()
                    //客户端的唯一标识（client_id)
```

```
                .withClient("client")
                //客户端的密码（client_secret），这里的密码应该是加密后的
                .secret(passwordEncoder.encode("secret"))
                //授权模式标识
                .authorizedGrantTypes("authorization_code",
"refresh_token")
                //作用域
                .scopes("api")
                //设置 access_token 过期时间
                .accessTokenValiditySeconds(300)
                //设置 refresh_token 过期时间
                .refreshTokenValiditySeconds(3000)
                //资源 ID
                .resourceIds("resource1")
                //回调地址
                .redirectUris("https://www.baidu.com")
                .and()
                //资源服务器在校验 token 时使用的客户端信息，仅需要 client_id
与密码
                .withClient("open-server")
                .secret(passwordEncoder.encode("test"));
        }
    }
```

示例 8.7　OAuth 2 相关配置

8.2.2　开放网关的相关实现

开放网关的代码相对简单。在如示例 8.8 所示的开放网关的相关代码中，为授权系统配置了远程鉴权服务。在如示例 8.9 所示的开放 API 的相关代码中，模拟了一个要保护的系统资源。

```
    //Spring 配置类
    @Configuration
    //开启资源服务器的相关功能
    @EnableResourceServer
    public class ResourceConfig extends ResourceServerConfigurerAdapter {
        /**
         * 密码编码器
         * @return
         */
```

```
    @Bean
    public PasswordEncoder passwordEncoder() {
        return new BCryptPasswordEncoder();
    }
     /**
     * 配置 token 校验服务器，也就是授权系统的相关信息
     * @return
     */
    @Primary
    @Bean
    public RemoteTokenServices remoteTokenServices() {
        final RemoteTokenServices tokenServices = new
RemoteTokenServices();
        //这里是 demo，直接按硬编码方式处理，在实际中应该从配置中获取
   tokenServices.setCheckTokenEndpointUrl("https://localhost:8080/
OAuth/check_token");
        //这里的 clientId 和 secret 对应资源服务器信息，授权服务器处的配置要
        //和示例 8.2 中的配置保持一致
        tokenServices.setClientId("open-server");
        tokenServices.setClientSecret("test");
        return tokenServices;
    }
     @Override
    public void configure(HttpSecurity http) throws Exception {
        //设置创建 session 策略
   http.sessionManagement().sessionCreationPolicy(
SessionCreationPolicy.IF_REQUIRED);
        //所有请求必须授权
        http.authorizeRequests()
                .anyRequest().authenticated();
    }
     @Override
    public void configure(ResourceServerSecurityConfigurer resources) {
        resources.resourceId("resource1").stateless(true);
    }
}
```

示例 8.8　开放网关的相关代码

```
@RestController
public class ApiController {
```

```
        @GetMapping("/api")
        public String api(){
            return "api";
        }
    }
```

示例 8.9　开放 API 的相关代码

8.2.3　相关实现的验证

步骤 1 第三方应用引导用户发起授权获取 code。请求链接如示例 8.10 所示。

```
https://localhost:8080/OAuth/authorize?client_id=client&response
_type=code&redirect_uri=https://www.baidu.com&state=state
```

示例 8.10　获取 code 的请求链接

授权系统在收到示例 8.10 的请求后，会让用户进行登录和授权操作，操作页面如图 8-6 和图 8-7 所示。其中，图 8-6 为用户登录页面，图 8-7 为用户授权页面。

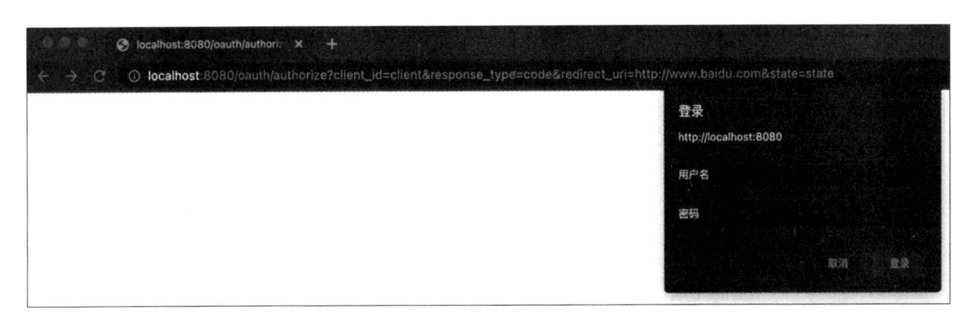

图 8-6　用户登录页面

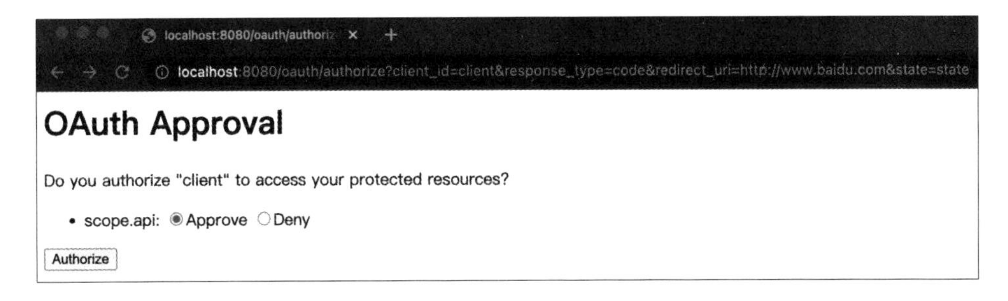

图 8-7　用户授权页面

在用户登录并同意授权后，授权系统会根据第三方应用的回调地址，将 code 和

state 回调到第三方应用，回调方式如图 8-8 所示。这里使用的是百度地址，实际中会回调到第三方应用的地址。这时第三方应用已获取 code 和 state，可以在后台发起使用 code 换取 access_token 的操作。

图 8-8 回调方式

步骤 2 第三方应用在后台使用 code 换取 access_token 的请求如图 8-9 所示。图 8-9 中指定了 code、grant_type 和 redirect_uri 参数，其中的 redirect_uri 参数，在前面介绍的 code 授权模式中，获取 access_token 时并不需要指定。这是因为 access_token 是直接返回的，而不是通过回调返回的。

图 8-9 使用 code 换取授权信息

在图 8-9 的返回结果中，可以拿到 access_token 和 refresh_token。其中，access_token 用来调用开放能力；而 refresh_token 用来刷新 access_token。由于刷新操作仍然是对授权系统发起的，因此这里需要先验证 refresh_token 的能力。

如图 8-10 所示，使用 refresh_token 发起刷新 access_token 请求，但是收到的返回结果却是“Internal Server Error”。这是因为默认的简单配置不支持进行 access_token 刷新，需要进一步实现自己的 UserDetailService。修改后的代码如示例 8.11 所示。

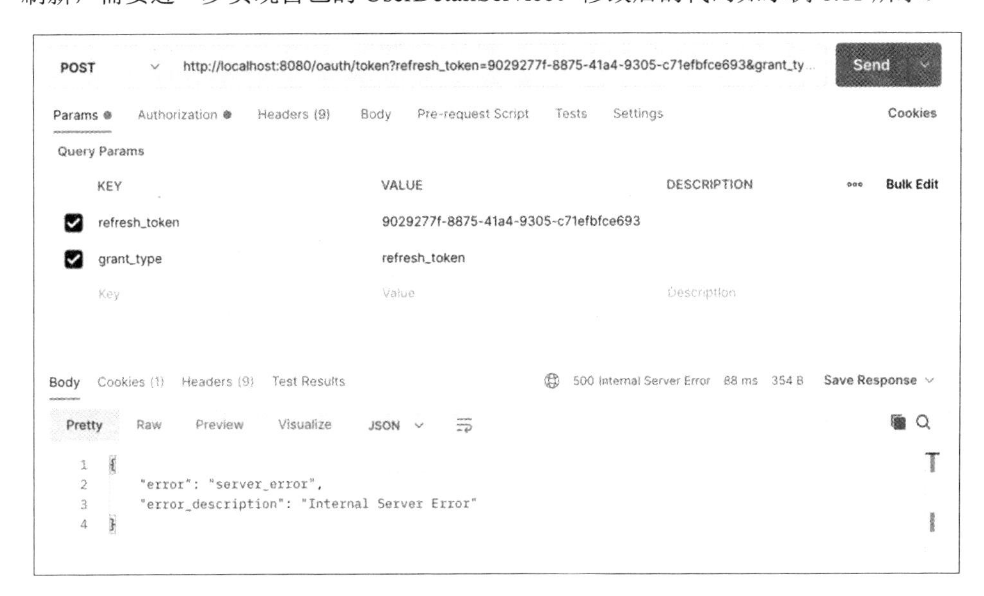

图 8-10　无效的 OAuth 2 配置的刷新授权信息错误示例

```
    //配置授权服务器
    @Configuration
    //开启授权服务
    @EnableAuthorizationServer
    public class AuthorizationConfig extends
AuthorizationServerConfigurerAdapter {
        @Autowired
        private PasswordEncoder passwordEncoder;
        /**
         * 配置所暴露的端点的权限校验
         * @param security
         * @throws Exception
         */
        @Override
        public  void  configure(AuthorizationServerSecurityConfigurer
security) throws Exception {
            //允许表单提交
```

```
        security.allowFormAuthenticationForClients()
                //任何系统都可以请求获取 token
                .tokenKeyAccess("permitAll()")
                //验证 token 需要进行认证
                .checkTokenAccess("isAuthenticated()");
    }
     /**
    * 设置 UserDetailsService 支持刷新 access_token
    * @param endpoints
    * @throws Exception
    */
    @Override
    public  void  configure(AuthorizationServerEndpointsConfigurer
endpoints) throws Exception {
        InMemoryUserDetailsManager inMemoryUserDetailsManager = new
InMemoryUserDetailsManager();
        User user = new User("OAuth 2",
"$2a$10$y6BpDeSlUw86NVcVnamL5.8XMRkq3QIhKz0qFY5aLpDlaz/d3pCMu",
Collections.emptyList());
        inMemoryUserDetailsManager.createUser(user);
        endpoints.userDetailsService(inMemoryUserDetailsManager);
    }
     /**
    * 授权功能的核心配置
    * @param clients
    * @throws Exception
    */
    @Override
    public void configure(ClientDetailsServiceConfigurer clients)
throws Exception {
        clients.inMemory()
                //客户端的唯一标识（client_id）
                .withClient("client")
                //客户端的密码（client_secret），这里的密码应该是加密后的
                .secret(passwordEncoder.encode("secret"))
                //授权模式标识
                .authorizedGrantTypes("authorization_code",
"refresh_token")
                //作用域
```

```
                .scopes("api")
                //设置 access_token 过期时间
                .accessTokenValiditySeconds(300)
                //设置 refresh_token 过期时间
                .refreshTokenValiditySeconds(3000)
                //资源 ID
                .resourceIds("resource1")
                //回调地址
                .redirectUris("https://www.baidu.com")
                .and()
                //资源服务器在校验 token 时使用的客户端信息，仅需要 client_id
与密码
                .withClient("open-server")
                .secret(passwordEncoder.encode("test"));
    }
}
```

示例 8.11　支持刷新授权信息的 OAuth 2 配置

按照示例 8.11 修改代码后，再次进行 access_token 刷新请求，就可以得到正确的结果了，如图 8-11 所示。

图 8-11　支持刷新授权信息后的请求示例

在图 8-9 和图 8-10 进行请求时，都需要传递 ClientID 和 ClientSecret，传递方式如图 8-12 所示。

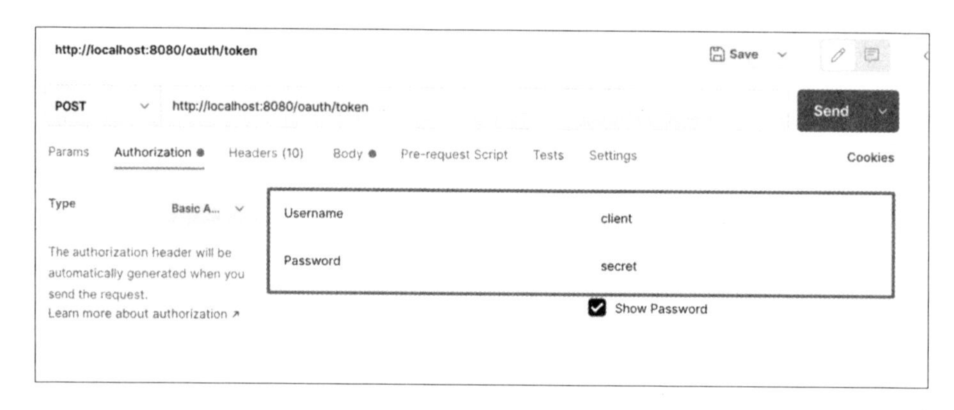

图 8-12　第三方应用信息请求头

最后，验证使用 access_token 进行开放能力的访问，结果如图 8-13 所示。

图 8-13　访问开放 API 请求示例

8.3　授信客户端密码模式

在授信客户端密码模式下，第三方应用在获取用户的用户名和密码后，使用用户用户名和密码信息获取 access_token。在该模式下，同样分别展示授权系统和开放网关的相关示例代码。

8.3.1　授权系统的相关实现

在示例 8.12 中，为授权系统配置了用户认证信息，这里用户名和密码都为 OAuth 2。在代码中，将一个 AuthenticationManager 对象注入 Spring 容器中，用来支持用户名和密码的相关认证需求。在示例 8.13 中，注入该对象进行使用。

```
@Configuration
@EnableWebSecurity
public class SecurityConfig extends WebSecurityConfigurerAdapter {

    @Bean
    public PasswordEncoder passwordEncoder() {
        return new BCryptPasswordEncoder();
    }

    @Bean
    public AuthenticationManager authenticationManager() throws
Exception {
        return super.authenticationManager();
    }
     @Override
    protected void configure(AuthenticationManagerBuilder auth)
throws Exception {
        auth.inMemoryAuthentication()
                .withUser("OAuth 2")
                .password(passwordEncoder().encode("OAuth 2"))
                .authorities(Collections.emptyList());
    }

    @Override
    protected void configure(HttpSecurity http) throws Exception {
        //所有请求必须认证
        http.authorizeRequests()
                .anyRequest()
                .authenticated();
    }
}
```

示例 8.12　安全配置代码

示例 8.13 是授权系统的核心配置。这里需要重点关注的是，为 Spring 容器注入 AuthenticationManager 对象，并将该对象在 endpoints 中进行配置。

```
    @Configuration
    @EnableAuthorizationServer
    public class AuthorizationConfig extends
AuthorizationServerConfigurerAdapter {
        //密码编码器
        @Autowired
        public PasswordEncoder passwordEncoder;
        //密码模式需要注入认证管理器
        @Autowired
        private AuthenticationManager authenticationManager;
        //配置客户端
        @Override
        public void configure(ClientDetailsServiceConfigurer clients)
throws Exception {
            clients.inMemory()
                    //配置 ClientID 和 ClientSecret
                    .withClient("client")
                    .secret(passwordEncoder.encode("secret"))
                    //开启密码模式
                    .authorizedGrantTypes("password", "refresh_token")
                    .scopes("api")
                    //设置过期时间
                    .accessTokenValiditySeconds(3000)
                    .refreshTokenValiditySeconds(30000)
                    .and()
                    //该 ClientID 和 ClientSecret 是专门给开放网关进行鉴权使用的
                    .withClient("open-server")
                    .secret(passwordEncoder.encode("test"));
        }

        @Override
        public void configure(AuthorizationServerEndpointsConfigurer
endpoints) throws Exception {
            //密码模式必须添加 AuthenticationManager 对象
```

```
        endpoints.authenticationManager(authenticationManager);
        //为了支持刷新 access_token
        InMemoryUserDetailsManager inMemoryUserDetailsManager = new
InMemoryUserDetailsManager();
        User user = new User("OAuth 2",
                "$2a$10$y6BpDeSlUw86NVcVnamL5.8XMRkq3QIhKz0qFY5aLpDlaz/
d3pCMu", Collections.emptyList());
        inMemoryUserDetailsManager.createUser(user);
        endpoints.userDetailsService(inMemoryUserDetailsManager);
    }

    @Override
    public  void  configure(AuthorizationServerSecurityConfigurer
security) throws Exception {
        //允许表单提交
        security.allowFormAuthenticationForClients()
                //任何系统都可以请求获取 token
                .tokenKeyAccess("permitAll()")
                //验证 token 需要进行认证
                .checkTokenAccess("isAuthenticated()");
    }
}
```

示例 8.13　OAuth 2 配置代码

8.3.2　开放网关的相关实现

开放网关的配置代码如示例 8.14 所示。

```
//Spring 配置类
@Configuration
//开启资源服务器的相关功能
@EnableResourceServer
public class ResourceConfig extends ResourceServerConfigurerAdapter {

    /**
     * 密码编码器
     * @return
```

```
     */
    @Bean
    public PasswordEncoder passwordEncoder() {
        return new BCryptPasswordEncoder();
    }

    /**
     * 配置token校验服务器，也就是授权系统的相关信息
     * @return
     */
    @Primary
    @Bean
    public RemoteTokenServices remoteTokenServices() {
        final RemoteTokenServices tokenServices = new
RemoteTokenServices();
        //这里是demo，直接按硬编码方式处理，在实际中应该从配置中获取
        tokenServices.setCheckTokenEndpointUrl("https://localhost:
8080/OAuth/check_token");
        //这里的clientId和secret对应资源服务器信息，授权服务器处的配置要
        //和示例8.13中的配置保持一致
        tokenServices.setClientId("open-server");
        tokenServices.setClientSecret("test");
        return tokenServices;
    }

    @Override
    public void configure(HttpSecurity http) throws Exception {
        //设置创建session策略
        http.sessionManagement().sessionCreationPolicy
(SessionCreationPolicy.IF_REQUIRED);
        //所有请求必须授权
        http.authorizeRequests()
                .anyRequest().authenticated();
    }

    @Override
    public void configure(ResourceServerSecurityConfigurer resources) {
```

```
        resources.resourceId("resource1").stateless(true);
    }
}
```

示例 8.14　开放网关的配置代码

为了进行验证，在开放网关中提供了一个模拟的开放 API，代码如示例 8.15 所示。

```
@RestController
public class ApiController {

    @GetMapping("/api")
    public String api(){
        return "api";
    }
}
```

示例 8.15　开放 API 代码

8.3.3　相关实现的验证

步骤 1 第三方应用在获取用户名和密码后，使用如示例 8.16 所示的请求来获取授权信息。

```
    https://localhost:8080/OAuth/token?username=OAuth 2
&password=OAuth 2&scope=api&grant_type=password
```

示例 8.16　获取授权信息的请求

示例 8.16 中并没有 ClientID 和 ClientSecret，是因为这两个参数放在了请求头中。获取授权信息的请求头和请求体分别如图 8-14 和图 8-15 所示。

图 8-14　获取授权信息的请求头

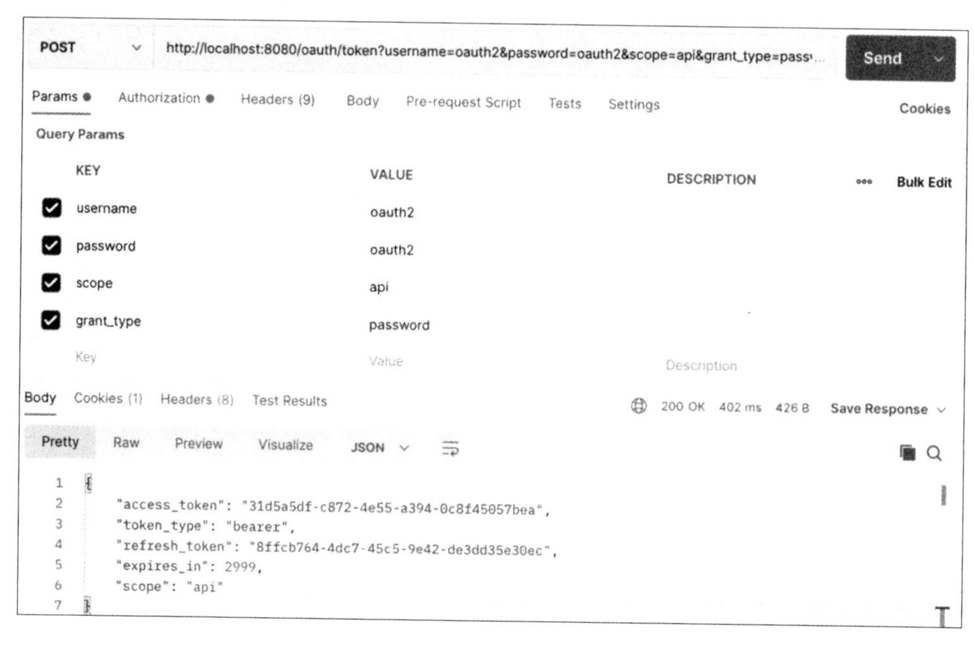

图 8-15　获取授权信息的请求体

步骤 2 第三方应用在获取授权信息后，可以使用 refresh_token 进行授权信息刷新，请求头和请求体分别如图 8-16 和图 8-17 所示。

最后，验证使用刷新后的 access_token 进行开放能力的调用，详情如图 8-18 所示。

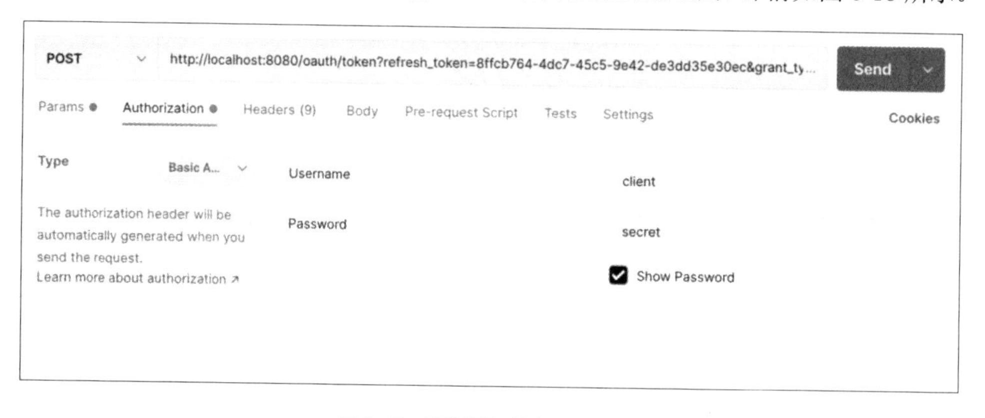

图 8-16　刷新授权信息的请求头

图 8-17　刷新授权信息的请求体

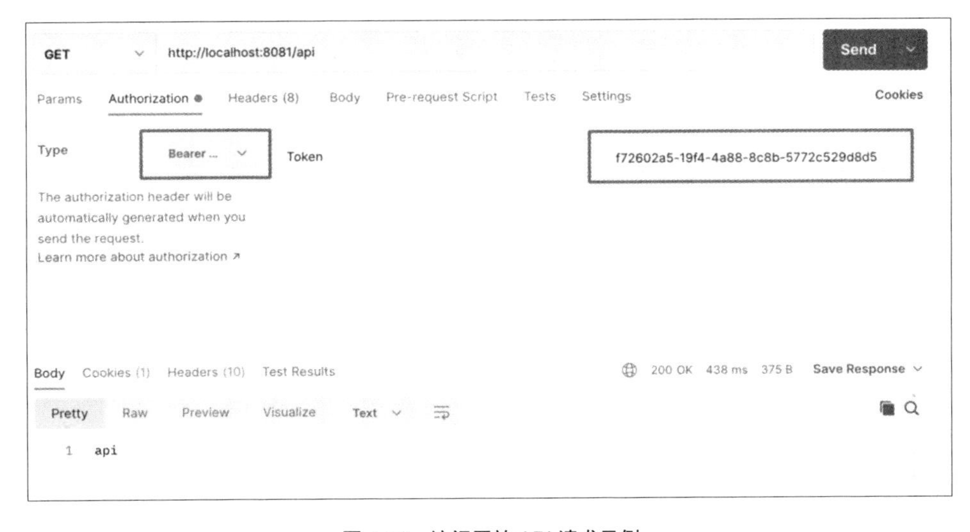

图 8-18　访问开放 API 请求示例

8.4　授信客户端模式

这里 Spring 所提供的授信客户端模式和在前文所讲的授信客户端模式是不同的。

在前文中所讲的授信客户端模式中，最终的授权结果是将用户的权限授权给了第三方应用；而 Spring 所提供的授信客户端模式，是第三方应用与授权系统之间的一种“登录”关系，希望读者予以区分。

在授信客户端模式下，仍然分别展示授权系统和开放网关的相关代码。

8.4.1 授权系统的相关实现

在示例 8.17 中，只是将授权系统保护起来，并没有配置任何用户信息。这是因为该授权模式中没有用户参与。

```
@Configuration
@EnableWebSecurity
public class SecurityConfig extends WebSecurityConfigurerAdapter {

    @Override
    protected void configure(HttpSecurity http) throws Exception {
        http.authorizeRequests().anyRequest().authenticated();
    }
}
```

示例 8.17 安全配置代码

示例 8.18 是授权系统的核心配置，其中的代码结合前文能很好地表达其作用，这里不再赘述。

```
@Configuration
@EnableAuthorizationServer
public class AuthorizationConfig extends
AuthorizationServerConfigurerAdapter {
    @Bean
    public PasswordEncoder passwordEncoder() {
        return new BCryptPasswordEncoder();
    }

    @Override
    public void configure(ClientDetailsServiceConfigurer clients)
throws Exception {
        clients.inMemory()
                //配置 ClientID 和 ClientSecret
```

```
                .withClient("client")
                .secret(passwordEncoder().encode("secret"))
                //配置授权模式
                .authorizedGrantTypes("client_credentials",
"refresh_token")
                .scopes("api")
                .and()
                //资源服务器在校验 token 时使用的客户端信息，仅需要 client_id
与密码
                .withClient("open-server")
                .secret(passwordEncoder().encode("test"));
        }

        @Override
        public  void  configure(AuthorizationServerSecurityConfigurer
security) throws Exception {
            //允许表单提交
            security.allowFormAuthenticationForClients()
                //任何系统都可以请求获取 token
                .tokenKeyAccess("permitAll()")
                //验证 token 需要进行认证
                .checkTokenAccess("isAuthenticated()");
        }

        /**
         * 设置 UserDetailsService 支持刷新 access_token
         *
         * @param endpoints
         * @throws Exception
         */
        @Override
        public  void  configure(AuthorizationServerEndpointsConfigurer
endpoints) throws Exception {
            InMemoryUserDetailsManager inMemoryUserDetailsManager = new
InMemoryUserDetailsManager();
            User user = new User("OAuth 2",
                "$2a$10$y6BpDeSlUw86NVcVnamL5.8XMRkq3QIhKz0qFY5aLpDlaz/
d3pCMu", Collections.emptyList());
```

```
        inMemoryUserDetailsManager.createUser(user);
        endpoints.userDetailsService(inMemoryUserDetailsManager);
    }
}
```

示例 8.18　OAuth 2 配置代码

8.4.2　开放网关的相关实现

开放网关的配置代码如示例 8.19 所示。

```
//Spring 配置类
@Configuration
//开启资源服务器的相关功能
@EnableResourceServer
public class ResourceConfig extends ResourceServerConfigurerAdapter {

    /**
     * 密码编码器
     * @return
     */
    @Bean
    public PasswordEncoder passwordEncoder() {
        return new BCryptPasswordEncoder();
    }

    /**
     * 配置 token 校验服务器，也就是授权系统的相关信息
     * @return
     */
    @Primary
    @Bean
    public RemoteTokenServices remoteTokenServices() {
        final RemoteTokenServices tokenServices = new
RemoteTokenServices();
        //这里是 demo，直接按硬编码方式处理，在实际中应该从配置中获取
        tokenServices.setCheckTokenEndpointUrl("https://localhost:
8080/OAuth/check_token");
        //这里的 clientId 和 secret 对应资源服务器信息，授权服务器处的配置要
```

```
        //和示例 8.2 中的配置保持一致
        tokenServices.setClientId("open-server");
        tokenServices.setClientSecret("test");
        return tokenServices;
    }

    @Override
    public void configure(HttpSecurity http) throws Exception {
        //设置创建 session 策略
        http.sessionManagement().sessionCreationPolicy
(SessionCreationPolicy.IF_REQUIRED);
        //所有请求必须授权
        http.authorizeRequests()
                .anyRequest().authenticated();
    }

    @Override
    public void configure(ResourceServerSecurityConfigurer resources) {
        resources.resourceId("resource1").stateless(true);
    }
}
```

示例 8.19　开放网关的配置代码

最后，为了进行访问验证，模拟了一个开放 API，如示例 8.20 所示。虽然示例 8.20 的代码没有任何改变，但是其含义已经发生了变化。它不再是用户的 API，而是第三方应用的 API。

```
@RestController
public class ApiController {

    @GetMapping("/api")
    public String api(){
        return "api";
    }
}
```

示例 8.20　开放第三方应用的 API 代码

8.4.3 相关实现的验证

第三方应用使用自己的 ClientID 和 ClientSecret 就可以直接发起获取授权信息请求。获取授权信息的请求头和请求体分别如图 8-19 和图 8-20 所示。

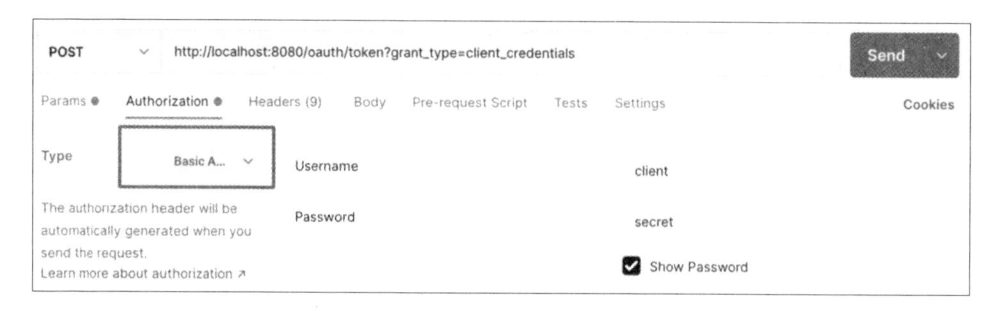

图 8-19 获取授权信息的请求头

图 8-20 获取授权信息的请求体

从图 8-20 中可以看到，返回结果中只有 access_token，即使在示例 8.18 中开启了 refresh_token 的相关配置，也没有 refresh_token。也就是说，该模式下并不支持刷新授权信息。

最后，验证使用 access_token 调用开放能力，详情如图 8-21 所示。

图 8-21　调用开放第三方应用 API

8.5　四种授权模式总结

至此四种授权模式的相关示例均已介绍完毕，但是这些代码都只是示例而已。在实际使用过程中，需要做很多真实的配置和扩展。例如，用户信息不应该保存在内存中，应该从可持久化的数据源中获取；第三方应用信息也应该保存在持久化数据源中；授权信息持久化配置（Spring Security 支持使用 Redis 进行持久化），以及对 OpenID 的支持也需要进行扩展实现等。

本书建议只将 Spring Security 提供的能力作为学习研究之用，但在真实的大型系统中，还是推荐自己实现一套授权系统。

8.6　JWT

Spring Security 也提供了基于 JWT 生成授权信息的能力。但是，从代码分析的结果和实际运行的效果来看，Spring Security 所提供的基于 JWT 生成授权信息的方案，和前文所介绍的基于 JWT 生成授权信息的方案有所不同，区别如下。

- 在 Spring Security 的 JWT 方案中，access_token 和 refresh_token 使用的是不同的 JWT，而在前文的 JWT 方案中，access_token 和 refresh_token 使用的是相同

的 JWT。更进一步来说，前文的 JWT 方案中，使用了 JWT 本身的机制，即使用同一个 JWT 进行鉴权和刷新操作，整个过程不需要保存 JWT 信息；而 Spring Security 将 access_token 和 refresh_token 的能力进行了分离，各自负责自己的工作。

- Spring Security 的 JWT 方案中需要保存 JWT 信息，而前文的 JWT 方案中不需要保存 JWT 信息。因为 Spring Security 所支持的 JWT 方案使用了专门的 refresh_token 进行刷新，所以肯定在授权系统中有持久化的地方。
- Spring Security 的 JWT 方案没有与 OpenID 进行结合，返回的 JWT 中直接使用了用户名；而前文的 JWT 方案已经与 OpenID 相结合。

综上所述，Spring Security 所自带的 JWT 功能，在实际开发工作中可能并不实用，需要做相应的扩展。下面开始介绍相关的示例代码。

为了能支持 JWT，需要引入额外的 maven 依赖。

```
<dependency>
    <groupId>org.springframework.security</groupId>
    <artifactId>spring-security-jwt</artifactId>
    <version>1.1.0.RELEASE</version>
</dependency>
```

有了 maven 依赖以后，分别演示授权系统和开放网关的相关配置代码示例。

8.6.1 授权系统的相关实现

示例 8.21 对授权系统的用户认证及相关安全组件进行了配置。代码中的相关注释能很好地解释这些代码的行为。

```
@Configuration
@EnableWebSecurity
public class SecurityConfig extends WebSecurityConfigurerAdapter {

    /**
     * 注册授权信息管理器到 Spring，作为演示使用默认的即可
     *
     * @return
     * @throws Exception
     */
    @Bean
    public  AuthenticationManager  authenticationManager()  throws
```

```
Exception {
        return super.authenticationManager();
    }

    /**
     * 注册用户详情管理服务到 Spring，作为演示使用默认的即可
     * 相比于前面的自己创建，这里直接使用父类提供的
     * @return
     */
    @Bean
    public UserDetailsService userDetailsService() {
        return super.userDetailsService();
    }

    /**
     * 密码编码器
     * @return
     */
    @Bean
    public PasswordEncoder passwordEncoder() {
        return new BCryptPasswordEncoder();
    }

    /**
     * 设置用户信息
     * @param auth
     * @throws Exception
     */
    @Override
    protected void configure(AuthenticationManagerBuilder auth)
throws Exception {
        auth.inMemoryAuthentication()
                .withUser("OAuth 2")
                .password(passwordEncoder().encode("OAuth 2"))
                .authorities(Collections.emptyList());
    }

    /**
     * 提供用户信息认证功能
     * @param http
     * @throws Exception
```

```
     */
    @Override
    protected void configure(HttpSecurity http) throws Exception {
        http.authorizeRequests()
                //所有请求都需要通过认证
                .anyRequest().authenticated()
                .and()
                //基于浏览器的登录窗口进行用户登录
                .httpBasic()
                .and()
                //关闭跨域保护
                .csrf().disable();
    }
}
```

示例 8.21 安全配置代码

在示例 8.22 中，对授权进行了相关配置。这里配置的授权模式为授信客户端密码模式。由于在使用 JWT 时，会将密钥（my-sign-key）分发给开放网关，因此开放网关可以直接使用该密钥进行验证，而不需要再为开放网关配置 ClientID 和 ClientSecret。代码最后配置了 JWT 相关的内容，包括转换器和存储器。

```
//配置授权服务器
@Configuration
//开启授权服务
@EnableAuthorizationServer
public class AuthorizationConfig extends
AuthorizationServerConfigurerAdapter {

    @Autowired
    private AuthenticationManager authenticationManager;

    @Autowired
    public UserDetailsService userDetailsService;

    @Autowired
    private PasswordEncoder passwordEncoder;

    @Override
    public  void  configure(AuthorizationServerSecurityConfigurer
security) throws Exception {
```

```
        //允许表单提交
        security.allowFormAuthenticationForClients()
                //任何系统都可以请求获取 token
                .tokenKeyAccess("permitAll()")
                //验证 token 需要进行认证
                .checkTokenAccess("isAuthenticated()");
    }

    @Override
    public void configure(ClientDetailsServiceConfigurer clients)
throws Exception {
        clients.inMemory()
                //客户端的唯一标识
                .withClient("client")
                .secret(passwordEncoder.encode("secret"))
                //授权模式标识，开启刷新 token 功能，这里使用 password 模式进
行验证
                .authorizedGrantTypes("password", "refresh_token")
                //作用域
                .scopes("api");


    }

    @Override
    public void configure(AuthorizationServerEndpointsConfigurer
endpoints) {
        endpoints.authenticationManager(authenticationManager)
                .userDetailsService(userDetailsService)
                .tokenStore(jwtTokenStore())
                .accessTokenConverter(jwtAccessTokenConverter());
    }

    /**
     * 使用 JWT 访问 token 转换器
     */
    @Bean
    public JwtAccessTokenConverter jwtAccessTokenConverter() {
        JwtAccessTokenConverter converter = new
JwtAccessTokenConverter();
        //密钥，默认是 Hmac-SHA256 算法对称加密
        converter.setSigningKey("my-sign-key");
```

```
        return converter;
    }

    /**
     * JWT 的 token 存储对象
     */
    @Bean
    public JwtTokenStore jwtTokenStore() {
        return new JwtTokenStore(jwtAccessTokenConverter());
    }
}
```

示例 8.22　OAuth 2 配置代码

8.6.2　开放网关的相关实现

示例 8.23 中配置了开放网关的相关安全策略。这里直接使用 JWT 的 token store 进行校验，不需要再远程调用授权系统。

```
@Configuration
@EnableResourceServer
public class ResourceConfig extends ResourceServerConfigurerAdapter {

    @Bean
    public PasswordEncoder passwordEncoder() {
        return new BCryptPasswordEncoder();
    }

    @Override
    public void configure(HttpSecurity http) throws Exception {
        //设置创建 session 策略
        http.sessionManagement().sessionCreationPolicy
(SessionCreationPolicy.IF_REQUIRED);
        //所有请求必须授权
        http.authorizeRequests().anyRequest().authenticated();
    }

    @Override
    public void configure(ResourceServerSecurityConfigurer
resources) {
        resources.tokenStore(jwtTokenStore());
```

```
    }

    /**
     * 使用 JWT 访问 token 转换器
     */
    @Bean
    public JwtAccessTokenConverter jwtAccessTokenConverter(){
        JwtAccessTokenConverter converter = new
JwtAccessTokenConverter();
        //签名验证密钥
        converter.setSigningKey("my-sign-key");
        return converter;
    }

    /**
     * JWT 的 token 存储对象
     */
    @Bean
    public JwtTokenStore jwtTokenStore(){
        return new JwtTokenStore(jwtAccessTokenConverter());
    }

}
```

示例 8.23　开放网关配置代码

8.6.3 相关实现的验证

图 8-22 所示为获取授权信息的请求头，并在请求头中设置了第三方应用的 ClientID 和 ClientSecret。

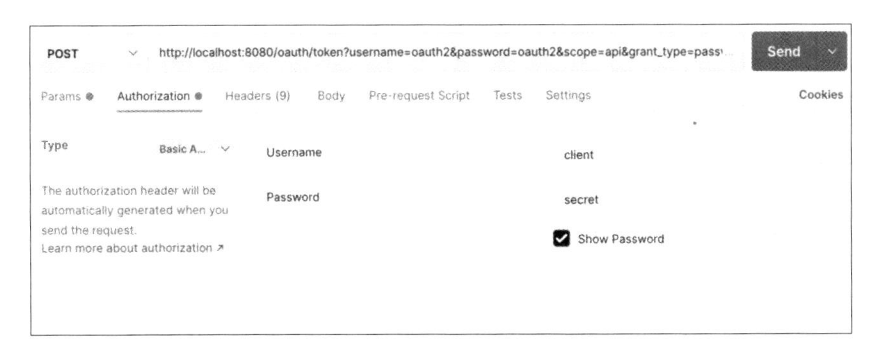

图 8-22　获取授权信息的请求头

图 8-23 所示为获取授权信息的请求体，包括具体的请求参数和返回结果。从图 8-23 中可以看到，access_token 和 refresh_token 并不相同。结合示例 8.22 中的 JWT 存储器的相关配置，可以佐证 Spring Security 所使用的 JWT 方案会对 JWT 进行保存。

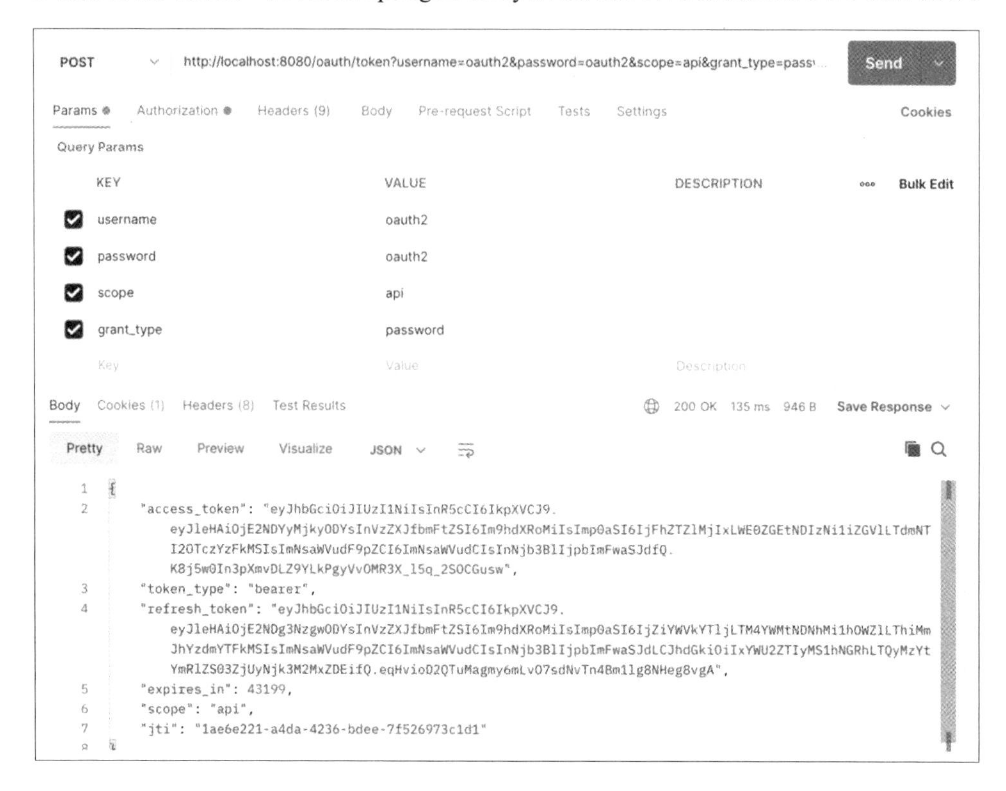

图 8-23 获取授权信息的请求体

图 8-24 所示为 token 解析结果，即对 access_token 进行解析后的结果。从图 8-24 中可以看到，其中的 user_name 字段直接将系统中的用户名暴露给了第三方应用，会导致用户信息泄露。

验证授权信息刷新的相关流程如图 8-25 和图 8-26 所示。图 8-25 在头信息中，指定了 ClientID 和 ClientSecret。图 8-26 基于授信客户端密码模式进行了授权信息的刷新操作。

最后，验证使用 access_token 对开放网关的访问，访问结果如图 8-27 所示。

图 8-24　token 解析结果

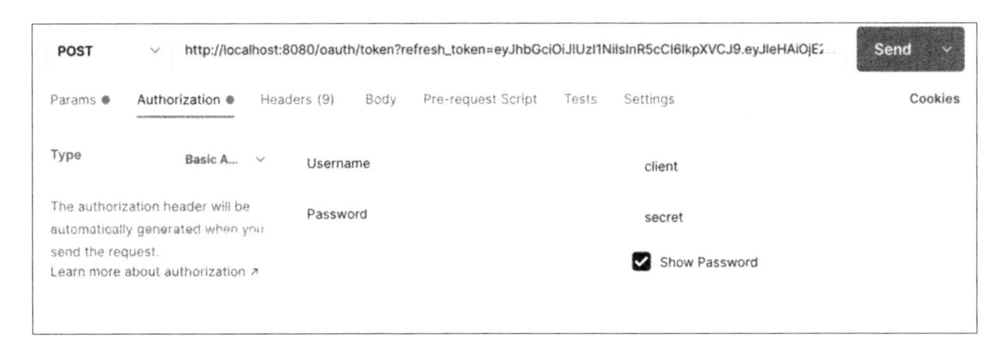

图 8-25　刷新授权信息的请求头

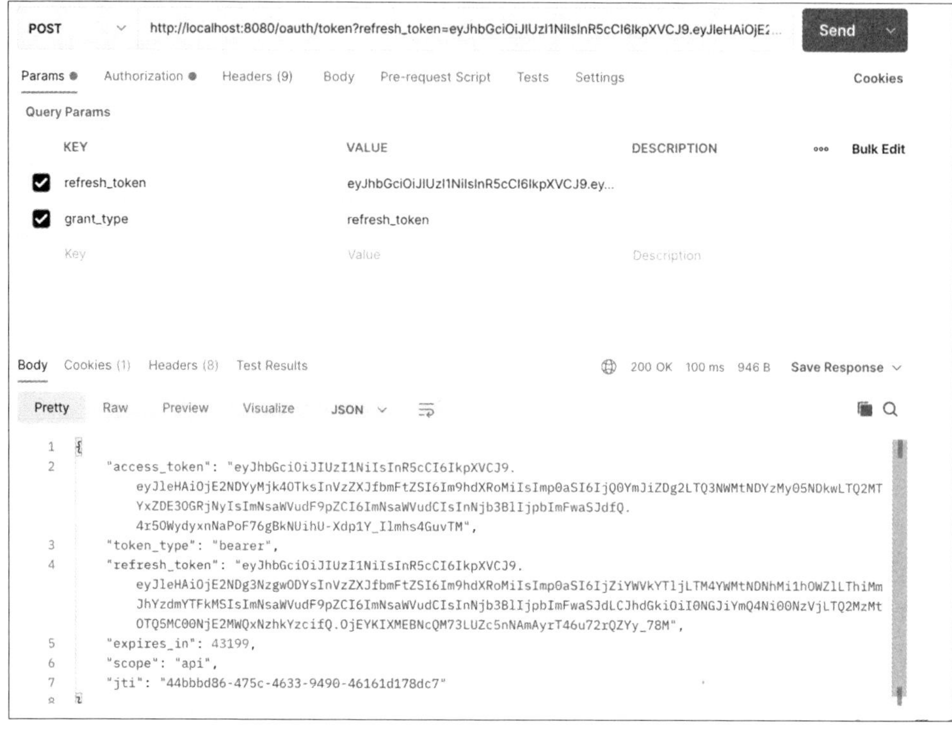

图 8-26　刷新授权信息的请求体

图 8-27　访问开放 API 请求示例